Pythonによる深層強化学習入門

―ChainerとOpenAI Gymではじめる強化学習―

牧野 浩二・西崎 博光（共著）

まえがき

近年，機械学習が注目されています．機械学習では，教師あり学習と呼ばれる，学習すべきターゲット（教師情報）を学習器に与えることで学習するものが多く，例えば画像認識や音声認識の多くは教師あり学習によって行われています．

一方で，教師あり学習のような教師情報を与えない学習方法として，半教師あり学習と呼ばれているものがあります．その代表的な機械学習方法が強化学習です．強化学習は，ある環境（例えばゲームの盤面など）において，現在の状況から次にとるべき行動を決定する問題を扱う機械学習の一種です．例えば，囲碁を考えたときに，ある局面のとき，次にどこの場所に石を置くとよいかということをコンピュータに学習させます．

コンピュータが考えた行動に対して，その行動を評価して評価の良し悪し（例えば囲碁の場合であれば，勝つか負けるか）を報酬という形でフィードバックしていきます．そうすることで，コンピュータはある状況において報酬が高くなるような行動を自動的に獲得していきます．この強化学習が，深層学習と融合し，深層強化学習として大きな成果をあげています．記憶に新しいところでは，DeepMind 社が開発した囲碁エージェントである AlphaGo Zero です．人間の対局データを一切用いず，自分自身との対局（コンピュータ vs. コンピュータ）を 1 か月強ひたすら行うことで完全無欠の強さを手に入れました．

深層学習が脚光を浴びだしてから 10 年近く経ちますが，そもそも深層学習はまったく新しい技術ではなく，1970 年ごろから研究されているニューラルネットワークから発展してきた方法です．現在の深層学習ブームは，第三次人工知能ブームとも呼ばれています．これまでの人工知能ブームと異なっている点の 1 つとして，その道のプロ（研究者や企業の研究員）でなくても使いこなすことができるような機械学習フレームワークがさまざまな企業から無料で公開されており，学生から社会人までもが気軽に深層学習を試せるようになっていることが挙げられます．さらに，そのフレームワークの一部には，深層学習だけではなく強化学習を組み込んだ深層強化学習にも対応しているものもあります．そのため，深層学習を始めるハードルがこれまでのブームに比べてぐっと下がっています．

本書では，詳しい理論よりも，Python で動作する深層強化学習フレームワーク

「ChainerRL」を用いて，深層強化学習を実際に使いこなすことに焦点を当てた解説を行っています．深層強化学習の結果をシミュレーションだけで動作確認するなら，皆さんがお持ちの PC さえあれば簡単に試すことができるようになっています．また，Raspberry Pi などの小型コンピュータがあれば，実際に回路と接続することで，回路やロボットを制御できるようになります．深層強化学習は「動作によって状況が変わる」問題に適しています．そのため，碁石や手駒を打つことで盤面が変わる囲碁や将棋などに適しています．また，ロボットアームで自動的にモノを認識し，それを掴んで移動させることも深層強化学習の得意分野です．そこで，本書では，深層強化学習でリバーシ（オセロ）を学習する方法や，実際のロボットに応用する方法までの解説を行うこととしました．

最初に述べたように深層強化学習は深層学習に強化学習を組み込んだものであるため，その両方の学習方法の原理を知っていると，よりうまく深層強化学習を使いこなすことができるようになります．

本書では，まず第 1 章で，深層強化学習を行うための PC 上での環境構築について説明します．次の第 2 章では深層学習について説明しています．深層強化学習を理解するためには，深層学習についての知識が必要です．深層学習については多くの書籍が出版されているので詳細はそれらを参考にしていただくことを前提に，本書では第 4 章の深層強化学習を理解するために必要な内容を解説しています．Chainer を用いた深層学習のプログラミング経験がある方は読み飛ばしていただいても構いません．続いて第 3 章では，強化学習の中で代表的な手法である Q ラーニングについての解説を行っており，ここで強化学習の基礎を理解していただきたいと考えています．そして第 4 章で，いよいよ深層強化学習を取り上げています．第 5 章では，深層強化学習を使ってロボットを動かす方法を紹介しています．

このように，本書では，開発環境の構築から深層学習，強化学習，深層強化学習とステップアップ方式で，基礎から実際のモノを制御する応用までを解説しています．そのため，深層学習・深層強化学習の初学者・中級者（例えば大学生や深層学習・深層強化学習を業務に取り入れたい社会人）がステップアップしながら深層強化学習の基礎を学ぶことができます．本書は，このような読者が深層強化学習に対する理解度を深めるためのお手伝いとなると考えています．

さらに，本書の付録には深層強化学習を学ぶために役立ちそうな情報も掲載しています．例えば，深層学習・深層強化学習の計算は，PC の CPU だけでは学習に非常に時間がかかります．そこで，グラフィカル演算ユニット（GPU）を使って学習を高速化する方法について説明しています．また，Intel 社の CPU を利用している方のために，Intel 社が公開している Intel 製 CPU に最適化した行列計算エンジンを利用して高速化する方法も紹介しています．

本書の執筆にあたり，初心者でも深層強化学習を学ぶことができるということを実践するために，本書の原稿を読みながら開発環境の構築やプログラムの動作チェックを行っていただいた山梨大学大学院医工農学総合教育部の劉震さん，名取智紘さんに深く感謝いたします．そして，動作のチェックを手伝っていただいた山梨大学工学部の佐野祐太さん，村田義倫さん，依田直樹さんにも感謝いたします．また，著者らが所属する山梨大学工学部情報メカトロニクス工学科の教員の方々，著者らの所属している研究室の大学生・大学院生からも陰ながらご支援をいただきました．最後に末筆ではありますが，オーム社の皆様のご尽力がなければ本書が世に出ることはなかったでしょう．ご協力いただいたすべての皆様に今一度感謝の意を表します．

2018 年 7 月

牧野浩二・西崎博光

【本書ご利用の際の注意事項】

- 本書のプログラムはオーム社のホームページ（https://www.ohmsha.co.jp/）からダウンロードできます．
- 本書のプログラムは，本書をお買い求めになった方のみご利用いただけます．また，本プログラムの著作権は，本書の著作者である牧野浩二氏，西崎博光氏に帰属します．
- 本書のプログラム群は以下の環境で実行できることを確認しています．

  ・Windows 8.1/10
  ・macOS 10.13 High Sierra 搭載 MacBook, MacBook Pro
  ・Raspbian OS（バージョン 2.7.0）／Raspberry Pi2 Model B または Raspberry Pi3 Model B
  ・Ubuntu 16.04／Intel Core i7 搭載 PC or VirtualBox 上の仮想環境での動作
  ・Python 2.7.14 もしくは Python 3.6.4

  ほとんどのプログラムは Python2 系と 3 系のどちらでも動作しますが，一部のプログラムは Python2 では動作しません．そのプログラムについては注意書きを記しています．
  また，Python ライブラリのインストールでは pip コマンドを利用しますが，Linux, Mac, RasPi では pip3 と明示しないと Python3 系で使えるライブラリとしてインストールされませんので注意してください．pip のみだと Python2 系のライブラリとしてインストールされる場合があります．明示的に Python2 系を指定したい場合は python -m pip としたほうが確実です．
  以上の環境以外では対応しておりませんので，あらかじめご了承ください．
- 本書に掲載されている情報は，2018 年 4 月時点のものです．実際に利用される時点では変更されている場合があります．特に深層学習のフレームワークである Chainer, ChainerRL はバージョンアップの間隔が早く，Python のライブラリ群も頻繁にバージョンアップがなされています．バージョンアップの仕様によっては本書のプログラムが動かなくなることもありますので，あらかじめご了承ください．
- 本ファイルを利用したことによる直接あるいは間接的な損害に対して，著作者およびオーム社はいっさいの責任を負いかねます．利用は利用者個人の責任において行ってください．
- 本書で提供するプログラムの再配布・利用については以下の通りとします．

  1. プログラムはフリーソフトウェアです．個人・商用にかかわらず自由に利用いただいて構いません．
  2. プログラムは自由に再配布・改変していただいて構いません．
  3. プログラムは無保証です．プログラムの不具合などによる損害が発生しても著作者およびオーム社はいっさいの保証ができかねますので，あらかじめご了承ください．

目次

第 5 章　実環境への応用　167

付録　215

第1章 はじめに

1.1 深層強化学習でできること

深層強化学習注1とは，深層学習注2と強化学習注3の2つを組み合わせた方法です．

これらはいずれも機械学習と呼ばれる人工知能（AI）の手法の1つです．深層学習は答えのある問題を学習して分類する問題（画像認識や自動作文）などに，強化学習はよい状態と悪い状態だけを決めておいてその過程を自動的に学習してよりよい動作を獲得する問題（ロボットのコントロールやゲームの操作）などに用いられています．

これらを組み合わせた深層強化学習を使うと，例えば**図 1.1** に示すようなパックマンやスペースインベーダーなどのゲームをうまく動かすことができるようになります．

注1　第4章，第5章にて解説します．

注2　第2章にて解説します．

注3　第3章にて解説します．

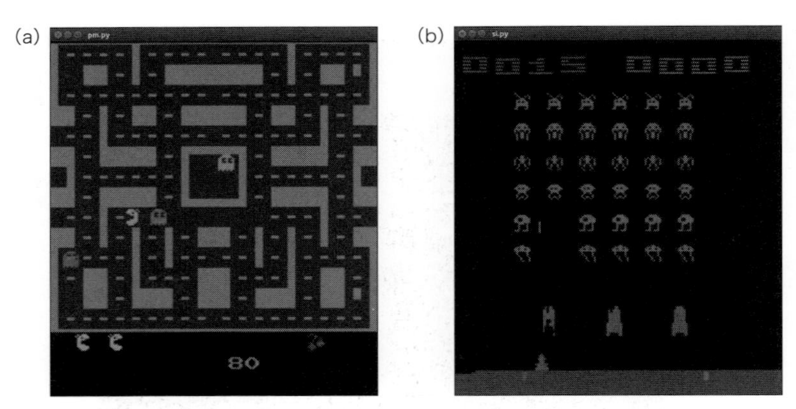

図 1.1　ゲームの例：(a) パックマン，(b) スペースインベーダー

また，**図 1.2** に示すような，ほうきを逆さまにして手に立てるような動作（倒立振子）や，テニスのラケット面を上に向けてボールを上に軽く打ちそれをひたすら続けるような動作（リフティング）など，実際に動く物を学習させることもできます．

図 1.2　(a) ほうきの倒立振子と (b) テニスのリフティング

深層強化学習を使って実際のロボットを動かした例として，**図 1.3** に示す，障害物にぶつからないように自律的に動くミニカーのデモやロボットアームを用い

てばら積みされた円柱の取り出しを行った報告があります．

(a)
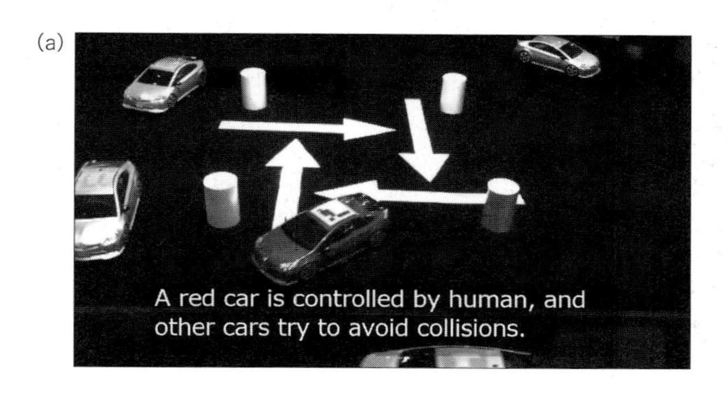

(b)

図 1.3　(a) ぶつからない車のデモと (b) ばら積み [画像提供：Preferred Networks]

また，将棋や囲碁で人間と対局して注目を浴びたAIは，深層強化学習を使っているといわれています．これらは深層学習の成果として示されることが多いのですが，実際には深層学習の発展版である深層強化学習の成果なのです．

強化学習と深層学習から深層強化学習へ発展するまでの過程を**図 1.4** に示します．それぞれの技術の詳細は，第2章以降で説明します．

最初，ニューラルネットワークと強化学習は別々に研究されていました．そして強化学習の研究から，実環境に適用しやすいQラーニングが開発され，さまざまな場面で使われるようになりました．そのQラーニングにニューラルネットワークを組み込んだQネットワークが研究されるようになりましたが，当時のニューラルネットワークではいろいろなことができなかったように，Qネットワークもあまり多くのことはできませんでした．

その後，ニューラルネットワークから発展した深層学習（ディープラーニング）が作られました．さらに深層学習とQラーニングを合わせたディープQネットワーク（DQN：Deep Q-Network）が登場し，深層学習と同様に多くの成果を出しています．

これにもともとの強化学習やその発展版などを組み合わせて深層強化学習となり，図1.3に示したようなさまざまな場面で技術的なブレークスルーをもたらしています．

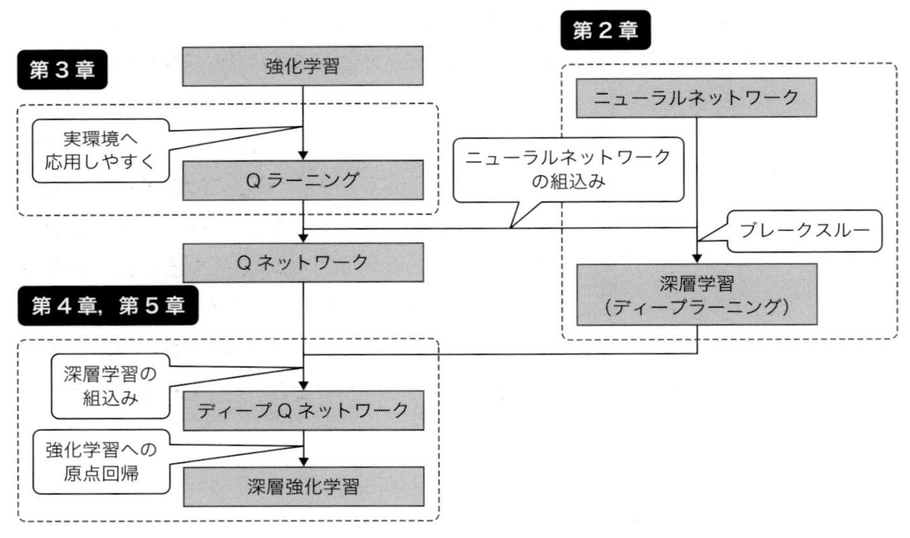

図1.4 深層強化学習の変遷

では，なぜ深層強化学習がよいのでしょうか．

一般に，深層学習は入力データに対する答え（教師データ）がなければ学習できないという特徴があります．

例えば，深層学習を広く一般に知らしめた画像認識問題でも，何が写っているのかという教師データが付いた大量の画像を学習しています．また，自動的に小説を書いたり天気予報などのニュースを書いたりすることも深層学習でできるようになってきましたが，これも単語の並び順を教師データとして用いて対象とするジャンルの文章を大量に学ばせることを行っています．

ここで，図1.1に示すパックマンの問題を深層学習で解くことを考えてみます．

深層学習の場合，すべての状態（敵の位置と残りのクッキー(パックマンが食べる点）の位置，自分の位置）に対して，パックマン（専門的にはエージェントと呼びます）がどの方向に動くのがよいのかという答えを作らなければなりません．これは状態の数が多すぎて答えを作れないというだけでなく，「どのような行動をとることが本当はよいのか？」という答えそのものを作れないという問題があります．

強化学習では，敵にぶつかったらマイナスの報酬，クッキーを食べたらプラスの報酬というルールだけを決めておき，行動した結果の行動がよかったかどうかを自分自身で判断することで，よりよい行動を選択するように学習を行います．パックマンの場合，人間が設定するのはこの2種類の報酬だけなので問題がとても簡単に設定できます．

この考え方と深層学習を組み合わせて，複雑な動作を学習できるようにしたのが深層強化学習です．深層強化学習は入力に対する答えが明確に決まっていない問題に適した学習法なのです．さらに，深層強化学習では，エージェントが行動した結果，状態が変わる場合（パックマンではクッキーが減る，敵に見つかるなどに相当します）にうまく対応できるよう学習できることが強みの1つです．

このように，行動により状態が変わるような問題というのは実際のロボットではよくある状況なので，深層強化学習は実際のロボットに組み込みやすいという特徴もあります．

1.2 本書の構成

深層強化学習は図1.4に示したように新しい技術を少しずつ取り入れながら進化してきました．そのため，深層学習とは何か，強化学習とはどのようなものかを知らなければ，自分でプログラムを組むことは難しくなります．

そこで本書では，まず第2章にて深層学習の，第3章にて強化学習のそれぞれの説明を行います．その後，第4章にてそれらを統合した深層強化学習の説明に入ります．深層強化学習は実際のロボットへの応用や実環境への適用に効果を発揮します．そこで，第5章にて実際に動くものを作り，実際の環境を用いて深層強化学習を実行します．

これにより，初学者であっても，深層学習，強化学習，さらには深層強化学習の仕組みを身につけ，最終的には実環境で動くものに応用できる中・上級者を目指すことができます．

また，第 3 章の強化学習以降すべての章で一貫して，「ネズミが自販機のボタンを操作して餌を受け取る手順を学習する」問題を扱います．この問題を本書では「ネズミ学習問題」と呼ぶこととします（「スキナーの箱」とも呼ばれます）．これは強化学習の分野では有名で，次のような問題となっています．

ネズミ学習問題

かごに入ったネズミが 1 匹います．

かごには 2 つのボタンが付いた自販機があり，自販機にはランプが付いています．**図 1.5** の左側のボタン（電源ボタン）を押すたびに自販機の電源が ON と OFF を繰り返します．そして，自販機の電源が入るとランプの明かりが点きます．電源が入っているときに限り，右側のボタン（商品ボタン）を押すとネズミの大好物の餌が出てきます．

さて，ネズミは手順を学習できるでしょうか？

図 1.5　ネズミ学習問題

人間が考えれば，電源を ON にしてから商品ボタンを押すだけだとすぐにわかります．非常に単純な問題ですが，強化学習を理解する上でとてもわかりやすい問題設定です．そして，同じ問題を深層強化学習で解くことで，強化学習（第 3 章）と深層強化学習（第 4 章）の違いを学ぶことができます．最終的にはこの問題を実際の機械で実現し，深層強化学習を用いて学習します（第 5 章）．

このようにステップアップしていくことで，実際の環境で動くモノを作れるようになるはずです．

1.3 フレームワーク：ChainerとChainerRL

深層学習や深層強化学習をゼロからプログラミングする方法もありますが，これは非常に大変な作業です．そのため，深層学習や深層強化学習を行うためのフレームワークが，さまざまな機関や企業から公開されています．本書ではChainerというフレームワークを使います．

ChainerはPreferred Networks（PFN）社という日本の会社が公開している深層学習フレームワークであり，Google（Alphabet）社やAmazon社が公開しているTensorFlowやMXNetなどにもまったく引けを取らないフレームワークです．図1.3に示した事例はChainerの深層強化学習バージョンであるChainerRLを使って実現されていると聞いています．

Chainer/ChainerRLはプログラムのコードが非常に書きやすく，初学者でも原理がわかれば簡単に使いこなせることが魅力です．そして簡単に使いこなせるにもかかわらず，実際のロボット動作で使える強化学習モデルを学習することができます．

さらに，Chainerは新しい技術を取り入れてバージョンアップしていくスピードがほかのフレームワークよりも早いと筆者は感じています．

1.4 Pythonの動作確認

使用プログラム hello.py

ChainerはPythonというプログラミング言語のフレームワークとして提供されています．本節ではまずPythonのインストールおよび動作確認を行います．すでにPythonのプログラミング環境ができあがっている方は次の節に進んでください．なお，本書ではPythonの詳しい使い方は扱いませんので，Pythonを使うのがはじめてという方やPythonに慣れていない方は適宜インターネットなどで調べながら読み進めてください．

Chainerは公式には，Linux OS（Ubuntu/CentOS）上で動かすことが前提となっています．しかし，すべての読者がLinuxユーザというわけではなく，大部分の方がWindowsもしくはmacOS（OS X）をお使いだと思います．本書のプログラムは，まえがきの終わりに示したようにWindowsやmacOS，Linux（Ubuntu 16.04），Raspbian OSを含む環境で動作確認を行い，それぞれに異なる場合はその都度説明を加えています．Pythonには2系と3系がありますが，本書では3系を用います．2系での動作も確認していますが，`print`文の対応をする必要があります．

以降では簡単のため，それぞれLinux，Mac，Windows，RasPiと表します．

1. Windowsの場合

ここではWindowsをお使いの方向けにAnacondaというデータサイエンス向けのPythonパッケージのインストールとPythonの動作確認を行います．まずAnacondaのサイトにアクセスします[注4]．

```
https://www.anaconda.com/download/
```

Python3.6とPython2.7を選ぶことができます．本書ではPython3.6を選択しました．ダウンロードしたインストーラを実行するとインストールが始まります．

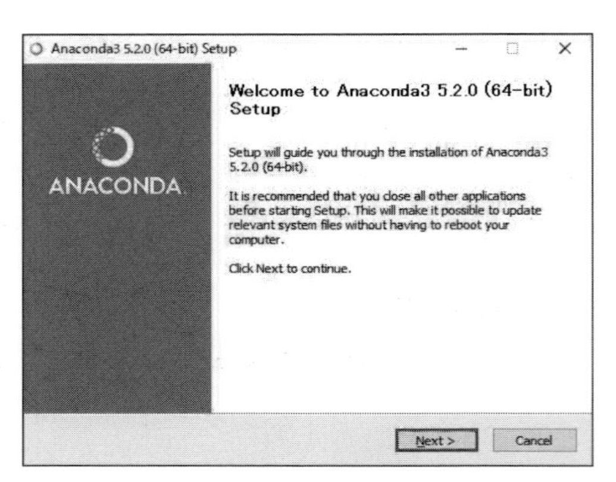

図 1.6 Anacondaのインストール画面（Anaconda 5.2）

特別に設定することはありませんので，そのままインストールします．

注4 URLは変わることがあります．

それではPythonの動作確認をしましょう．本書ではターミナル[注5]のコマンド入力は$マークを付けてその後ろに示します．ターミナルを開き，$マーク[注6]の後ろに次のように入力します[注7]．

```
$ cd 【作業ディレクトリ】
$ python hello.py
```

ここでは作業ディレクトリにhello.pyを置いたとしてpythonコマンドで実行しています．ターミナルに次のように表示されればインストールは成功しています．

ターミナル出力 1.1 hello.pyの実行結果

```
Hello DQN!
```

hello.pyの中身は次のようになっています．本書では，プログラムのリストや実行結果は**リスト 1.1**や**ターミナル出力 1.1**として示すことにします．

リスト 1.1 簡単なプログラム：hello.py

```
1 # -*- coding: utf-8 -*-
2 print('Hello DQN!')
```

なお，本書のプログラムの文字コードはutf-8，改行コードはLFとなっており，Windows標準のメモ帳ではうまく編集できません．プログラムを編集する際にはプログラムの編集に適したテキストエディタをお使いください[注8]．

2. Linux, Mac, RasPiの場合

Linux，Mac，RasPiの場合，Python3系で動かすために次をインストールします[注9]．

注5　Windowsではコマンドプロンプトあるいは PowerShellです．

注6　お使いのPC環境の違いで異なるマークになっている場合もあります．

注7　hello.pyはまえがきのviページ目に示した方法で事前にダウンロードし，作業ディレクトリに置いておいてください．

注8　本章末尾のコラム「プログラムを書くためのエディタ」で簡単に紹介しています．

注9　Macの場合は，aptコマンドの実行にJDKのインストールを求められることがあります．

```
$ sudo apt install python3-pip
```

Windowsの場合と同様に，作業ディレクトリにhello.pyがあるとしてpythonコマンドを実行します．ここではPython3を使用しますので，python3コマンドとなります．

```
$ python3 hello.py
```

使用するプログラムと実行結果はそれぞれリスト1.1，ターミナル出力1.1と同様です．

1.5 Chainerのインストール

使用プログラム chainerrl_test.py

本書ではChainerのver.4.0.0を使用します．深層学習の分野は発展が早いため，旧バージョンのプログラムが動かなくなることがまれにあります．そこで，インストールはバージョンを指定して行います．これにより，最新バージョンではなくなる場合がありますが，本書の範囲では大きな問題とはなりません．本書の内容を大きく超えた最新のアルゴリズムを使う場合は最新版をインストールしてください．それが必要になるころには，きっと本書は卒業しています．

1. Windowsの場合

次のコマンドを実行します．

```
$ pip install chainer==4.0.0
```

インストールの確認を行いましょう．次のアドレスをWebブラウザのアドレスに直接入力して，v4.0.0.tar.gzをダウンロードします．

https://github.com/chainer/chainer/archive/v4.0.0.tar.gz

ダウンロードしたファイルはWindows標準の解凍ソフトでは開くことができません．Lhaplus[注10]や7zip[注11]など，tar.gz形式に対応した解凍ソフトをインストールして使ってください．解凍したファイルを，例えばDocumentsフォルダの下にDQNフォルダを作ってその下に移動したとします．インストールの確認は，次のコマンドを実行することで行います．

```
$ python Documents/DQN/chainer-4.0.0/examples/mnist/train_mnist.py
```

実行すると**ターミナル出力1.2**のように表示されます[注12]．少し時間がかかります．

ターミナル出力1.2　train_mnist.pyの実行結果（Windows）

```
GPU: -1
# unit: 1000
# Minibatch-size: 100
# epoch: 20

epoch       main/loss   validation/main/loss  main/accuracy  validation/main/
accuracy  elapsed_time
1           0.192596    0.113445              0.941867       0.9657
28.454
2           0.0743371   0.0814304             0.976567       0.9731
59.8057
     total [#######..........................................] 14.17%
this epoch [#########################################.........] 83.33%
      1700 iter, 2 epoch / 20 epochs
    21.022 iters/sec. Estimated time to finish: 0:08:09.973772.
```

2. Linuxの場合

次のコマンドを実行します．

注10 http://www7a.biglobe.ne.jp/~schezo/

注11 https://sevenzip.osdn.jp/

注12 環境によって多少表示が異なります．

```
$ sudo apt install python3-tk
$ sudo apt install python3-pip
$ sudo pip3 install --upgrade pip
$ sudo pip3 install matplotlib
$ sudo pip3 install chainer==4.0.0
```

インストールの確認は，次のコマンドを実行することで行います．ここで注意する点はpython3コマンドを用いる点です．

```
$ sudo wget https://github.com/chainer/chainer/archive/v4.0.0.tar.gz
$ tar xzf v4.0.0.tar.gz
$ python3 chainer-4.0.0/examples/mnist/train_mnist.py
```

実行後，**ターミナル出力1.3**が表示されれば成功です．なお，Downloadingから始まる行は初回のみ表示されます．

ターミナル出力 1.3　train_mnist.pyの実行結果（Linux，Mac，RasPi）

```
GPU: -1
# unit: 1000
# Minibatch-size: 100
# epoch: 20

Downloading from http://yann.lecun.com/exdb/mnist/train-images-idx3-ubyte.gz...
Downloading from http://yann.lecun.com/exdb/mnist/train-labels-idx1-ubyte.gz...
Downloading from http://yann.lecun.com/exdb/mnist/t10k-images-idx3-ubyte.gz...
Downloading from http://yann.lecun.com/exdb/mnist/t10k-labels-idx1-ubyte.gz...

epoch       main/loss   validation/main/loss  main/accuracy  validation/main/
accuracy  elapsed_time
1           0.191192    0.103443              0.942417       0.9699
29.3467
2           0.0720657   0.0725023             0.9774         0.9769
56.1991
3           0.0484971   0.0659752             0.984433       0.9793
86.1373
     total [########..........................................] 16.67%
this epoch [################..................................] 33.33%
      2000 iter, 3 epoch / 20 epochs
    20.641 iters/sec. Estimated time to finish: 0:08:04.469079.
```

3. Mac の場合

次のコマンドを実行します.

```
$ sudo pip3 install --upgrade pip
$ sudo pip3 install matplotlib
$ sudo pip3 install chainer==4.0.0
```

インストールの確認は Linux と同様です.

4. RasPi の場合

RasPi の OS のインストールや設定は付録 A.2 を参考にしてください. Chainer をインストールするには次のコマンドを実行します.

```
$ sudo apt install python3-pip
$ sudo pip3 install --upgrade pip
$ sudo pip3 install matplotlib
$ sudo pip3 install chainer==4.0.0
```

インストールの確認は Linux と同様です. なお, RasPi は PC に比べて計算速度が遅いため, 学習に時間がかかります. そのため, 第 5 章以外で使うことはお勧めしません. また, RasPi では第 4 章の最後に示す物理シミュレータを動かすことができません.

1.6 ChainerRL のインストール

本書では深層強化学習用フレームワーク ChainerRL の ver.0.3.0 を使用します. Chainer と同様にバージョンを指定してインストールします.

1. Windows の場合

次のコマンドを実行します.

```
$ pip install chainerrl==0.3.0
```

インストールの確認は, 次の手順で行います. まず, **リスト 1.2** に示す Python

のプログラムが書かれたファイルを作成します．Python のプログラムは Visual Studio Code や Atom，サクラエディタなどのエディタ[注13]を使うと便利に書くことができます．特に，Visual Studio Code はデバッグのための 1 行実行ができるため便利です．

リスト 1.2　倒立振子による ChainerRL の確認：chainerrl_test.py

```
1 import gym
2 env = gym.make('CartPole-v0')
3 env.reset()
4 for _ in range(100):
5     env.render()
6     env.step(env.action_space.sample())
```

そして次のコマンドを実行します．

```
$ python chainerrl_test.py
```

実行して**図 1.7** の画像が一瞬だけ（もしくはしばらく）表示されたら成功です．途中で終了したいときには，ターミナルにフォーカスを合わせてから Ctrl + C を押します．

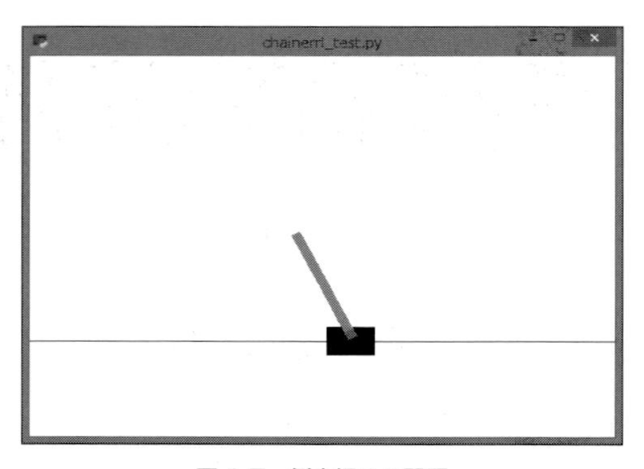

図 1.7　倒立振子の問題

注 13 本章末尾のコラム「プログラムを書くためのエディタ」で簡単に紹介しています．

2. Linux の場合

次のコマンドを実行します．

```
$ sudo pip3 install chainerrl==0.3.0
```

インストールの確認は Windows の場合と同じプログラム（chainerrl_test.py）を用います．

実行は次のコマンドで行います．

```
$ python3 chainerrl_test.py
```

3. Mac の場合

次のコマンドを実行します．

```
$ sudo pip3 install chainerrl==0.3.0
```

インストールの確認は Linux の場合と同様です．

4. RasPi の場合

次のコマンドを実行します．

```
$ sudo apt install python3-scipy
$ sudo pip3 install chainerrl==0.3.0
```

インストールの確認は Linux の場合と同様です．

1.7 シミュレータ：OpenAI Gym

深層強化学習は，ロボットなど何かしらの物が動くことにより状態が変わり，その状態に対応して動作するという繰り返しになります．

イメージがわきにくいと思いますので，図 1.2（a）に示した手でほうきを立てる倒立振子を例として，イメージをはっきりさせます．ほうきを立てる場合，ほうきが倒れそうになったらその方向に素早く手を動かしますよね．

動作する（手を動かす）ことで状態（ほうきの傾き）が変わります．そして，これを素早く繰り返せばほうきを立て続けることができます．このとき，数値を表示するだけでなく実際に動いている様子を確認できたほうがわかりやすくなります．

様子の確認には，OpenGL や OpenCV などを用いてすべて記述する方法もありますが，本書では「OpenAI Gym」を用います．OpenAI は非営利の研究機関であり，人間社会全体に利益をもたらすような人工知能の開発と推進を行うことを目的として，2015 年 10 月に設立されました．設立者の一人は電気自動車で有名な米国テスラ社 CEO のイーロン・マスク氏です．

OpenAI は 2016 年 4 月に，人工知能研究，特に強化学習アルゴリズムの開発と評価のためのプラットフォームとして OpenAI Gym をリリースしました．OpenAI Gym にはさまざまな強化学習の課題が収録されており，例えばテレビゲーム（スペースインベーダーなど）をプレイするエージェント，古典制御問題（倒立振子など），ロボットアーム制御などを扱えるシミュレータが用意されています．

OpenAI Gym の基本機能は，ChainerRL をインストールすれば一緒にインストールされます．実は先ほど ChainerRL のインストールの確認に使った図 1.7 に示す倒立振子は，OpenAI Gym を使って書かれています．図 1.1 のパックマンやスペースインベーダーも OpenAI Gym の拡張版を使うことで簡単に実行できます．これを実行するには次に示す手順により OpenAI Gym の拡張版のインストールを行います．

なお，執筆時のバージョンでは OpenAI Gym の拡張版は Windows 上の Anaconda 環境にはインストールできませんでした．Windows で動かしたい方は VirtualBox を使い，VirtualBox 上で Ubuntu を使用すれば実行することができます．VirtualBox のインストール方法については付録 A.1 を参考にしてください．なお，VirtualBox 上の Ubuntu では第 5 章に出てくるカメラなどの外部機器の接続ができません．

1. Linux, Mac, RasPi の場合（Windows では VirtualBox 上でのみ動作）

```
$ sudo apt install cmake
$ sudo apt install zlib1g-dev
$ sudo pip3 install gym[atari]
```

インストールの確認を行います．リスト 1.1 の 2 行目を次のように変えると図 1.1 の左に示したパックマンが表示されます．

リスト 1.3 パックマン：chainerrl_test_pm.py

```
2 env = gym.make('MsPacman-v0')
```

また，リスト 1.1 の 2 行目を次のように変えると図 1.1 の右に示したスペースインベーダーが表示されます．

リスト 1.4 スペースインベーダー：chainerrl_test_si.py

```
2 env = gym.make('SpaceInvaders-v0')
```

無事，インストールができたら第 2 章に進みましょう．

Column プログラムを書くためのエディタ

Python などのプログラムは，「エディタ」と呼ばれるテキストを編集するソフトウェアを使うと見やすく書くことができます．ここでは 3 つのエディタを紹介します．なお，ここで紹介するエディタはすべて無料です．

1. Visual Studio Code

Windows，Linux，Mac で動作するエディタです．オープンソースソフトウェアのエディタで Microsoft 社が提供しています．デバッグのための 1 行実行ができることなどが魅力です．

公式ホームページ：https://code.visualstudio.com/

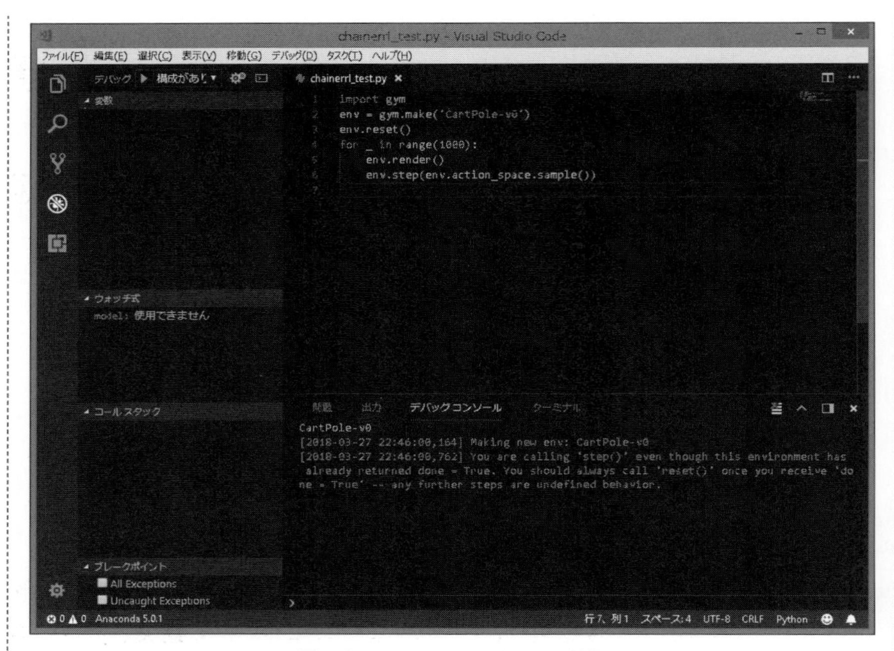

図 1.8　Visual Studio Code の外観

2. Atom

Windows，Linux，Mac で動作するエディタです．拡張機能が数多く公開されており，人気の拡張機能が標準機能として加わったりと，いまも進化し続けています．

公式ホームページ：https://atom.io/

3. サクラエディタ

Windows で動作するエディタです．メモ帳のように簡単に使うことができる点が魅力です．本書の Windows 環境におけるサンプルプログラムの動作確認は，プログラムをサクラエディタで作成し，ターミナル上から実行することで行っています．

公式ホームページ：http://sakura-editor.sourceforge.net/

第 2 章
深層学習

2.1 深層学習とは

第1章で述べたように，深層学習（ディープラーニング）は答えのある問題を学習して分類する問題（画像認識や自動作文）などに用いられる機械学習の一手法であり，近年非常に注目されています．

深層学習は突然出てきた新しい技術ではなく，ニューラルネットワークを基にした技術です．ニューラルネットワークはNN（Neural Network）と略されることが多く，深層学習はニューラルネットワークの層（後で詳しく述べます）を深くしたものですので，ディープニューラルネットワーク（深いニューラルネットワーク）と呼ばれ，これを略してDNN（Deep Neural Network）と表されることがよくあります．

図 2.1 に示すように深層学習はディープニューラルネットワークを起点として，いろいろな派生があります．ここでは説明のためにニューラルネットワークの層を深くしたものを，ほかの発展的な手法と区別してディープニューラルネットワークと表現します．

ディープニューラルネットワークの派生を見ていきましょう．まず，畳み込みニューラルネットワーク（CNN：Convolutional Neural Network）は画像処理に強い深層学習の手法です．画像の中に何が描かれているかを当てる問題において人間の認識率を超えたとニュースになったのは，これを基に考案された方法によるものです．

また，リカレントニューラルネットワーク（RNN：Recurrent Neural Network）は時系列データに強い深層学習の手法であり，自動作文などはこの方法によるものです．

そして，オートエンコーダ（AE：AutoEncoder）はノイズ除去や画像生成などに応用される深層学習の手法であり，モナリザを笑わせるという研究はこの手法を応用したものとなります．さらに，図2.1にはありませんが，Google機械翻訳ではエンコーダ・デコーダモデルが使われています．これはリカレントニューラルネットワークの発展モデルであり，入力した文を意味的なベクトルに変換するエンコーダと，符号化されたベクトルを違う言語の文に復号するデコーダから構成されたモデルです．

最近では，ニューラルネットワークに写真や動画，音声を生成させたりする生成モデルとして変分オートエンコーダ（VAE：Variational AutoEncoder）や敵対的生成ネットワーク（GAN：Generative Adversarial Network）も注目されています．

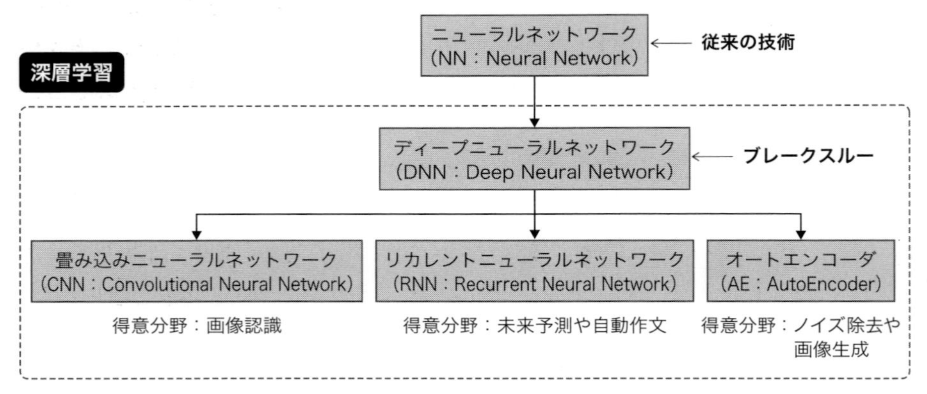

図2.1　深層学習の変遷

本書では深層強化学習にディープニューラルネットワークと畳み込みニューラルネットワークを組み込むこととします．しかし，何も知らずにディープニューラルネットワークや畳み込みニューラルネットワークを深層強化学習に使うと，性能を十分に引き出せなかったり，今後の応用ができなくなってしまいます．そこでまず，ディープニューラルネットワークの基礎となるニューラルネットワークの基本的な原理から学ぶこととします．ただし，ニューラルネットワークのすべてを学ぶのではなく，ディープニューラルネットワークの理解に必要なことに限定します．その後，畳み込みニューラルネットワークの原理を学びます．

また，深層学習は学習させるだけでなく，使いこなすことも重要です．そのため，学習したモデルを用いて別のデータを入力し，テストするところまでを本章で述べます．

2.2 ニューラルネットワーク

できるようになること ニューラルネットワークを手計算で体験することで原理を知る

まずは深層学習の基となっているニューラルネットワークの説明から行います．**図 2.2** はニューラルネットワークの最も簡単な例で，これは（単純）パーセプトロンとも呼ばれるものです．x_1 と x_2 が入力，y が出力となっています．また，1 と書いてある丸は常に 1 が入力されていることを示しています．そして，それぞれの線に重み w_1，w_2 とバイアス b が設定されています．この丸印は「ノード」と呼ばれていて，ノードの間をつなぐ線は「リンク」と呼ばれています．1，x_1，x_2 を合わせたものは「入力層」と呼ばれ，y は（この例では 1 つしかないので層という感じはしませんが）「出力層」と呼ばれています．出力 y は式 (2.1) として計算されます．

$$y = w_1x_1 + w_2x_2 + b \tag{2.1}$$

パーセプトロンやニューラルネットワーク，その発展版である深層学習は，与えられた入出力関係がうまく表せるように重みやバイアスを決める問題となります．

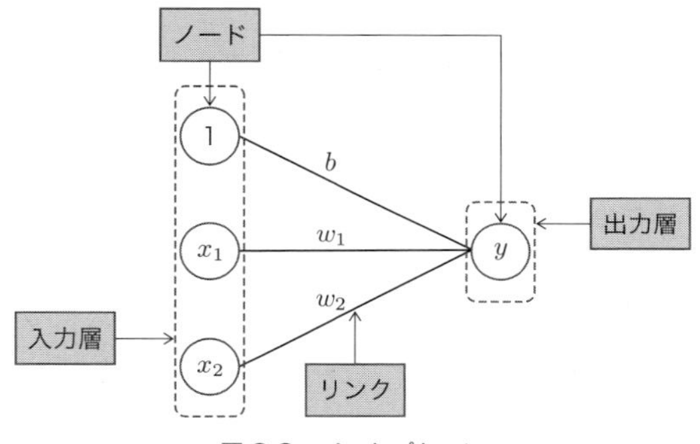

図 2.2 パーセプトロン

図2.2のパーセプトロンの例題として，論理演算子のORを扱います．ここでは簡単のため，入力は0と1のどちらかとします．2つの入力を持つORは**表2.1**に示すように両方の入力が0の場合0を出力し，どちらか一方もしくは両方の入力が1のときは1を出力します．さらに問題を簡単にするため，ある重みを決めて式(2.1)に従って計算した結果が0以下ならば出力は0と判定し，0より大きければ1と判定するものとします．

例えば，重みをそれぞれ，$w_1 = 2$，$w_2 = 2$，$b = -1$と決めます．この場合，表2.1のようにyが計算され，先ほど述べた判定方法により0と1を判定します．この表から，出力（ORの答え）と判定が一致していることがわかります．つまり，パーセプトロンでORを表現できています．

表2.1 論理演算子ORの入出力関係とパーセプトロンの計算結果

入力		出力		
x_2	x_1	OR	y	判定
0	0	0	−1	0
0	1	1	1	1
1	0	1	1	1
1	1	1	3	1

ほかにも，$w_1 = 0.7$，$w_2 = 1.2$，$b = 0$としても成り立ちます．つまり重みは一意には決まりません．この重みを決めることが深層学習の難しい問題となるのですが，深層学習用のフレームワークを使えば自動的に求めることができます．

深層学習の第一歩として，パーセプトロンを多層にしたニューラルネットワークの例を**図2.3**に示します．図2.2との違いは「中間層」（隠れ層ともいいます）が入力と出力の間に入った点です．この中間層の出力は，まず式(2.2)に示すように入力に重みを掛けて足し合わせたものを計算し，その計算結果にある関数を適用して求めます．この関数のことを「活性化関数」と呼びます．活性化関数には，シグモイド関数，ハイパボリックタンジェント（双曲線正接，tanh）関数，ReLU関数，Leaky ReLU関数がよく使われます．それぞれの活性化関数をグラフに示すと**図2.4**となります．

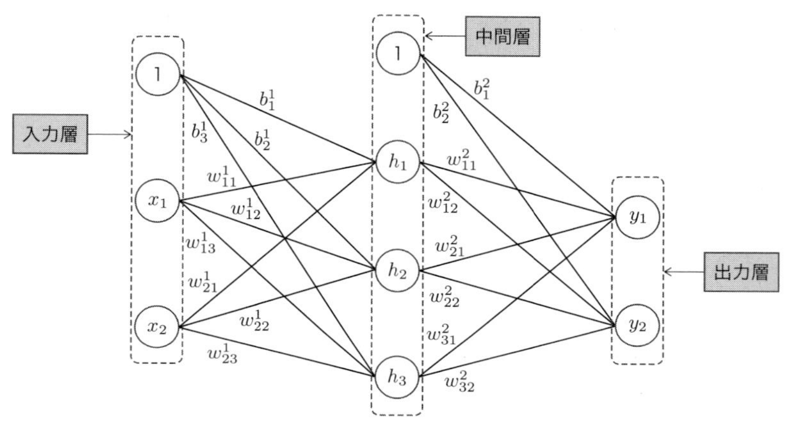

図 2.3 ニューラルネットワーク

$$
\begin{aligned}
&h_1 = f(s_1), \quad s_1 = w_{11}^1 x_1 + w_{21}^1 x_2 + b_1^1 \\
&h_2 = f(s_2), \quad s_2 = w_{12}^1 x_1 + w_{22}^1 x_2 + b_2^1 \\
&h_3 = f(s_3), \quad s_3 = w_{13}^1 x_1 + w_{23}^1 x_2 + b_3^1 \\
&y_1 = w_{11}^2 h_1 + w_{21}^2 h_2 + w_{31}^2 h_3 + b_1^2 \\
&y_2 = w_{12}^2 h_1 + w_{22}^2 h_2 + w_{32}^2 h_3 + b_2^2
\end{aligned}
\tag{2.2}
$$

例えば，$w_{11}^1 = 1$，$w_{21}^1 = 1$，$b_1^1 = 1$，$x_1 = 0$，$x_2 = 2$としたとき，$s_1 = 1 \times 0 + 1 \times 2 + 1 = 3$となります．ReLU 関数を用いたときには$h_1 = 3$となり，シグモイド関数を用いたときには$h_1 = 1/(1 + e^{-3}) = 0.952 \cdots$となります．

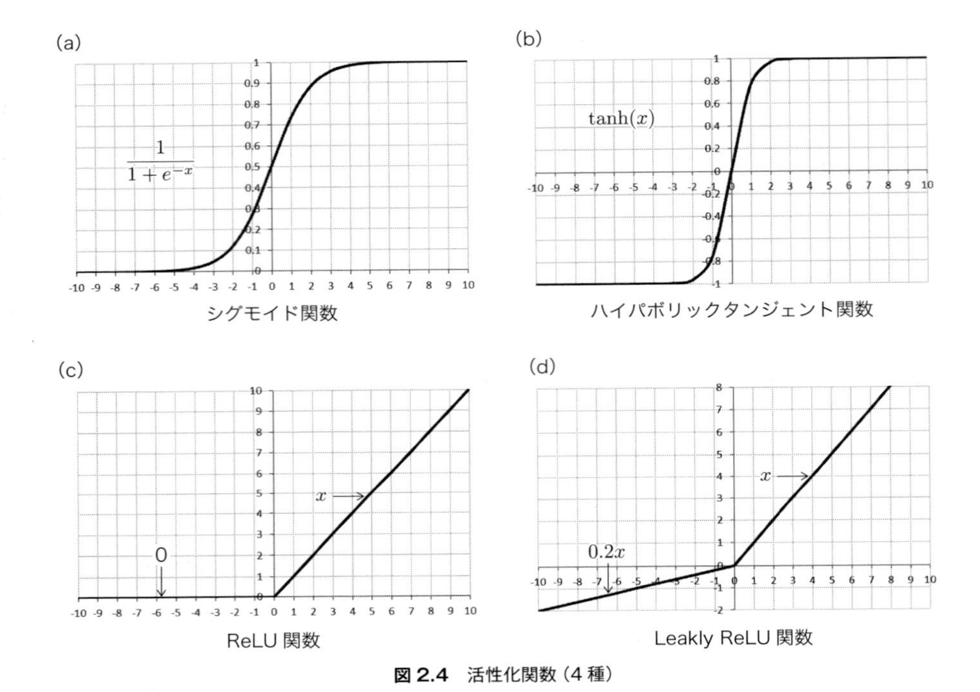

図 2.4 活性化関数（4 種）

2.3 Chainer でニューラルネットワーク

できるようになること ニューラルネットワークの原理を知り，Chainer で解く

使用プログラム or.py

Chainer は深層学習のためのフレームワークですが，図 2.2 や図 2.3 に示すニューラルネットワークを作ることもできます．ここでは，図 2.3 に示す 3 層のニューラルネットワークを対象として，2.2 節に示した論理演算子 OR を学習するプログラムを Chainer で作ります．

Chainer で OR を学習するプログラムを**リスト 2.1** に示します．このプログラムを通じて Chainer を使うための仕組みを説明します．これを基にして以降のプログラムを作っていきますので，しっかり理解しておくことは重要です．

リスト 2.1 Chainer で OR を学習するプログラム：or.py

```
1  # -*- coding: utf-8 -*-
2  import numpy as np
3  import chainer
4  import chainer.functions as F
5  import chainer.links as L
6  import chainer.initializers as I
7  from chainer import training
8  from chainer.training import extensions
9  
10 class MyChain(chainer.Chain):
11     def __init__(self):
12         super(MyChain, self).__init__()
13         with self.init_scope():
14             self.l1 = L.Linear(2, 3) # 入力2, 中間層3
15             self.l2 = L.Linear(3, 2) # 中間層3, 出力2
16     def __call__(self, x):
17         h1 = F.relu(self.l1(x)) # ReLU関数
18         y = self.l2(h1)
19         return y
20 
21 epoch = 100
22 batchsize = 4
23 
24 # データの作成
25 trainx = np.array(([0,0], [0,1], [1,0], [1,1]), dtype=np.float32)
26 trainy = np.array([0, 1, 1, 1], dtype=np.int32)
27 train = chainer.datasets.TupleDataset(trainx, trainy)
28 test = chainer.datasets.TupleDataset(trainx, trainy)
29 
30 # ニューラルネットワークの登録
31 model = L.Classifier(MyChain(), lossfun=F.softmax_cross_entropy)
32 #chainer.serializers.load_npz('result/out.model', model)
33 optimizer = chainer.optimizers.Adam()
34 optimizer.setup(model)
35 
36 # イテレータの定義
37 train_iter = chainer.iterators.SerialIterator(train, batchsize) # 学習用
38 test_iter = chainer.iterators.SerialIterator(test, batchsize, repeat=False,
   shuffle=False) # 評価用
39 
```

```
40  # アップデータの登録
41  updater = training.StandardUpdater(train_iter, optimizer)
42  
43  # トレーナーの登録
44  trainer = training.Trainer(updater, (epoch, 'epoch'))
45  
46  # 学習状況の表示や保存
47  trainer.extend(extensions.LogReport()) # ログ
48  trainer.extend(extensions.Evaluator(test_iter, model)) # エポック数の表示
49  trainer.extend(extensions.PrintReport(['epoch', 'main/loss', 'validation/main/
    loss','main/accuracy', 'validation/main/accuracy', 'elapsed_time'] )) # 計算状
    態の表示
50  #trainer.extend(extensions.dump_graph('main/loss')) # ニューラルネットワークの
    構造
51  #trainer.extend(extensions.PlotReport(['main/loss', 'validation/main/loss'],
    'epoch',file_name='loss.png')) # 誤差のグラフ
52  #trainer.extend(extensions.PlotReport(['main/accuracy', 'validation/main/
    accuracy'],'epoch', file_name='accuracy.png')) # 精度のグラフ
53  #trainer.extend(extensions.snapshot(), trigger=(100, 'epoch')) # 学習再開のた
    めのスナップショット出力
54  #chainer.serializers.load_npz('result/snapshot_iter_500', trainer) # 再開用
55  #chainer.serializers.save_npz('result/out.model', model)
56  
57  # 学習開始
58  trainer.run()
```

詳しくは後で説明しますが，まずは実行してみましょう．or.py があるディレクトリで，次のコマンドを実行します．

● Windows（Python2 系，3 系），Linux，Mac，RasPi（Python2 系）の場合：

```
$ python or.py
```

● Linux，Mac，RasPi（Python3 系）の場合：

```
$ python3 or.py
```

実行後は**ターミナル出力 2.1** のような表示がなされます．実際の Chainer の出力では，valid は validation，acc は accuracy と表記されています．左からエポッ

ク数（学習の繰り返しの回数），学習データの誤差，テストデータの誤差，学習データの精度，テストデータの精度，経過時間となっています．最初は精度が 0.5，つまり半分の正答率でしたが，途中で 75%の正答率に上がり，最終的には 100%になっています．そして，この学習にかかった時間は約 1.43 秒となっていることがわかります．

学習結果は実行するたびに変わりますので，100 回のエポックで 100%の精度とならない場合があります．深層学習では，通常，繰り返し学習が行われます．学習データを 1 回だけ使うのではなく，何度も繰り返して用います．この繰り返し回数をエポック数と呼びます．100%の精度にならない場合は，再度実行するか，後述するプログラム内のエポック数を大きくして実行し直してください．

ターミナル出力 2.1 or.py の実行結果

```
epoch       main/loss   valid/main/loss  main/acc  valid/main/acc  elapsed_time
1           0.700649    0.699599         0.5       0.5             0.00239314
2           0.699599    0.698559         0.5       0.5             0.0124966
3           0.698559    0.697522         0.5       0.5             0.0218371
4           0.697522    0.696487         0.5       0.5             0.0310541
5           0.696487    0.695457         0.5       0.75            0.0408003
6           0.695457    0.694504         0.75      0.75            0.0504556
7           0.694505    0.69375          0.75      0.75            0.0608347
8           0.69375     0.692971         0.75      0.75            0.0709407
（中略）
98          0.62547     0.624732         1         1               1.40054
99          0.624732    0.624019         1         1               1.41748
100         0.624019    0.623295         1         1               1.43434
```

2.3.1 Chainer とニューラルネットワークの対応

ニューラルネットワークは図 2.3 で示されますが，Chainer では結果をどのように評価するのかを設定する必要がありますので，**図 2.5** のように学習する部分を明示的に示したほうが理解しやすくなります．また，OR の答えは 0 と 1 なので，出力ノードとなる y は 1 つでよいように思うかもしれません．しかし，ニューラルネットワークでは答えが 0 の場合は y_1 が大きくなり，答えが 1 の場合は y_2 が大きくなるように設定したほうがうまくいきます．

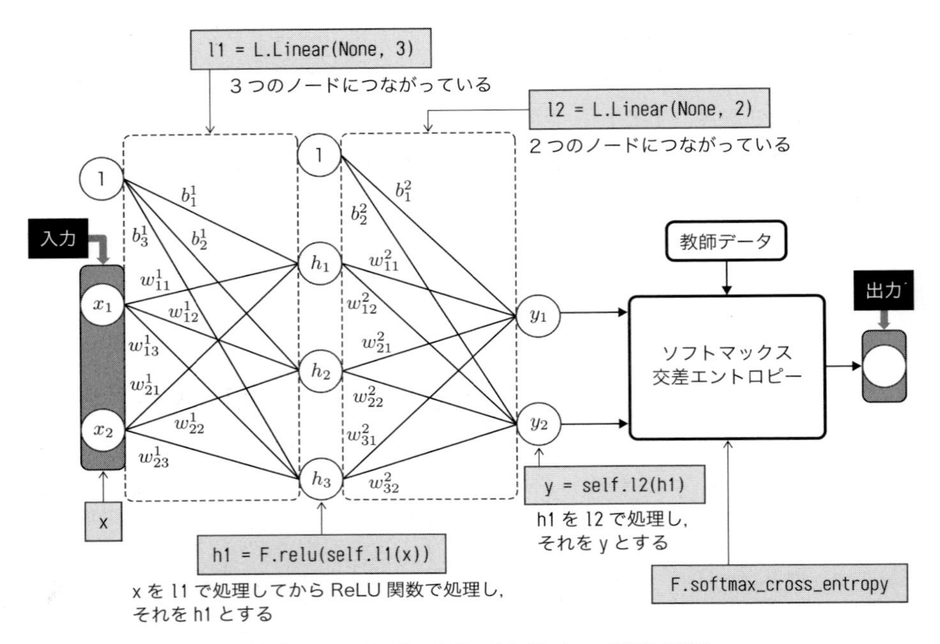

図 2.5 ニューラルネットワークと Chainer の関数の関係

2.3.2 Chainer のプログラム

それではリスト2.1に示したプログラムの説明を上から行っていきます．

まず，最も重要で理解すべき点である，ニューラルネットワークの構造を設定する部分の説明を行います．これは10～19行目に示す class MyChain(chainer.Chain): の中で設定しています．具体的には，ニューラルネットワークがどのようにノードとつながっているのかを表すリンクと，活性化関数として何を使うかを設定します．リンクは14行目で設定しています．

```
14 l1 = L.Linear(2, 3) # 入力2, 中間層3
```

これは，図2.5の入力層のノードと中間層のノードをつなぐところを設定しています．そしてこれを l1（エル イチ）という名前に設定しています．L.Linear の1つ目の引数はリンクにつながる入力ノードの次元数の設定です．入力層のノード数は2なので2を設定しています．なお，None とすることで自動的に設定することもできます．ただし，現行の ChainerRL のバージョンでは深層強化学習のネットワークの設定に None は使えません．そして，2 つ目の引数はリンクにつながる出力ノードの次元数の設定であり，図 2.5 の中間層のノード数は 3 なので，3 を設定します．

同様に 15 行目では中間層のノードと出力層のノードをつなぐリンクを表しています．出力層のノード数は 2 なので，2 つ目の引数が 2 となっています．そしてこれを l2（エル ニ）という名前に設定しています．

```
15  l2 = L.Linear(3, 2) # 中間層3, 出力2
```

次に，ノードとリンクを結びつけ，さらに各層のノードの活性化関数の設定を，17 行目で行っています．入力 x に対してリンク l1 の重みで計算して，活性化関数の 1 つである ReLU 関数で中間層のノードの値を計算することを設定しています．そして，その出力結果を h1 という名前に設定しています．

```
17  h1 = F.relu(self.l1(x)) # ReLU関数
```

同様に 18 行目で出力層のノードの値を計算しています．これは中間層のノードの値 h1 に対して，リンク l2 の重みで計算して出力層のノードの値を計算することを示しています．

```
18  y = self.l2(h1)
```

2.3.3 パラメータの設定

21 行目ではエポック数を設定しています．これを大きくすると学習の回数が増えます．これは 44 行目で使われる変数です．22 行目ではミニバッチサイズを設定しています．深層学習では，一般的に，ミニバッチ学習という手法がとられます．これは，学習データをいくつかのサイズに分割しておき，その分割された少量のサンプルを用いてニューラルネットワークのパラメータを更新していきます[注1]．

ミニバッチサイズを大きくすると学習が高速になりますが，大きすぎるとパラメータが最適解に収束しにくくなる傾向があります．ミニバッチサイズは扱う

注 1　ミニバッチサイズが 1 の場合をオンライン学習，ミニバッチサイズが学習データの全サンプル数と同じ場合をバッチ学習と呼びます．

データによって適切に設定する必要がありますが，これは学習過程の誤差値を見ながら試行錯誤で決めるのが一般的です．

2.3.4 データの作成

データの作成は25〜28行目で行っています．入力データ，出力データはリスト形式で設定し，学習データは2次元の行列，テストデータは1次元の行列として保存します．行列化にはNumPyという（特に多次元配列を扱う）数値計算ライブラリを利用します．今回の例では学習データとテストデータは同じものを用いていますが，実際の問題では大量のデータがありますので，そのうちの一部（8割から9割程度）を学習データに，残りをテストデータに振り分けます．このようにデータを振り分ける方法については2.5節に示します．

2.3.5 ニューラルネットワークの登録

ニューラルネットワークの登録は次の3ステップで行うことができます．

1. ニューラルネットワークの設定

31行目で14，15行目で設定したニューラルネットワークを使う設定をします．ここでは誤差の計算にsoftmax_cross_entropyという損失関数を使うことを設定して，モデルを作成しています．損失関数とはニューラルネットワークの出力と教師データの差を計算するための関数です．損失関数にはいろいろな種類があり，Chainerで設定できる損失関数を**表2.2**にまとめます．

表2.2 損失関数あれこれ

Chainerの関数名	戻り値
chainer.functions.softmax_cross_entropy	ソフトマックス交差エントロピー
chainer.functions.sigmoid_cross_entropy	シグモイド交差エントロピー
chainer.functions.squared_error	2つのベクトルの最小二乗誤差
chainer.functions.mean_absolute_error	2つのベクトルの平均絶対誤差
chainer.functions.gaussian_kl_divergence	KLダイバージェンス

2. 深層学習のための設定

次に，33行目で最適化関数の設定を行ってオプティマイザを作成しています．最適化関数とは教師データと計算した結果の誤差をどのように学習していくのかを決める関数です．Chainer で設定できる最適化関数を**表 2.3** にまとめます．なお，これらを正確にかつ端的に表すことは難しいため，誤解を生じさせないようにキーワードだけとしました．詳しくは Chainer のリファレンスを参照してください．

表 2.3 最適化関数あれこれ（よく使われるものに◎を表示）

Chainer の関数名
chainer.optimizers.AdaDelta
◎ chainer.optimizers.AdaGrad
◎ chainer.optimizers.Adam
chainer.optimizers.MomentumSGD
chainer.optimizers.NesterovAG
chainer.optimizers.RMSprop
chainer.optimizers.RMSpropGraves
◎ chainer.optimizers.SGD
chainer.optimizers.SMORMS3

3. モデルの設定

最後に 34 行目では，作成したオプティマイザにモデルを設定しています．

2.3.6 各種の登録

37～44 行目ではイテレータの定義，アップデータの登録，トレーナーの登録をしています．イテレータの部分では，学習データやテストデータの作成を行っています．アップデータの部分では，学習データとオプティマイザを結びつけています．トレーナーは作成したアップデータを使って学習する環境を作り，2 つ目の引数でエポック数（学習の繰り返しの回数）を設定しています．

2.3.7 学習状況の表示

学習状況の表示や学習時のデータの保存は 47～55 行目で設定しています．これらはすべて省略可能で，省略すると学習が速くなります．ターミナル出力 2.1 に示した実行結果の例では，後述の図 2.7 に示すような誤差のグラフや精度のグラフを出力していなかったため学習が約 1.43 秒で終わりました．これらを出力した場合は実行にかかる時間が約 30.32 秒になりました．なお，本書の実行時間は Windows + Anaconda の環境で実行した結果であり，パソコンの CPU は Core i7 4790 3.6 GHz，メモリ 16 GB を用いました．

47～49行目は学習がどの程度進んでいるのかターミナル出力2.1に示すような情報を表示します．50行目のコメントアウトを外すと設定したニューラルネットワークの構造を可視化できるようになります．**図2.6**のように画像として見るためには，`dot`コマンドで生成されたdotファイルをPNGなどの画像ファイルに変換する必要があります．

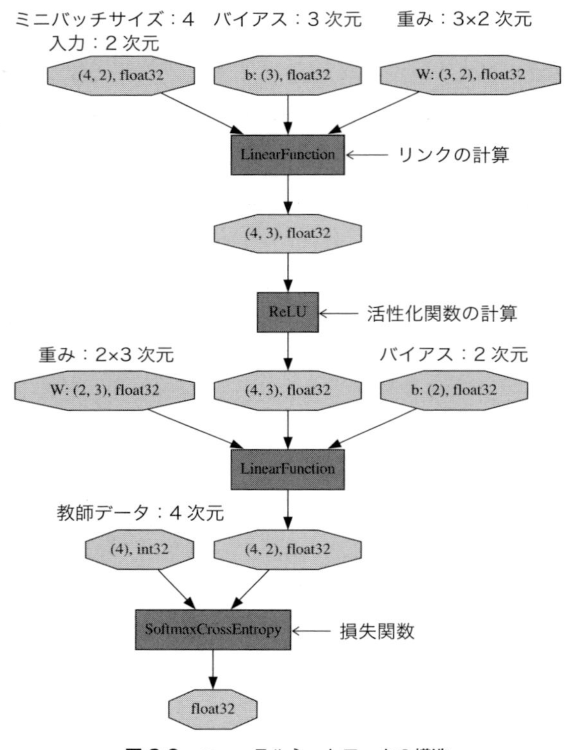

図2.6 ニューラルネットワークの構造

`dot`コマンドを使うにはgraphvizのインストールが必要です．

- Windowsの場合：

```
$ conda install -c anaconda graphviz
```

- Linux，Mac，RasPiの場合：

```
$ sudo apt install graphviz
```

次のコマンドで実行します.

```
$ dot -Tpng result/cg.dot -o result/cg.png
```

プログラムを実行する上でニューラルネットワークの構造を可視化する必要はありませんが，自分の作ったニューラルネットワークがどのようになっているのかを確認するときには便利です.

51，52 行目のコメントアウトを外すと，**図 2.7** に示すような精度のグラフと誤差のグラフがそれぞれ accuracy.png と loss.png という名前で生成されます.

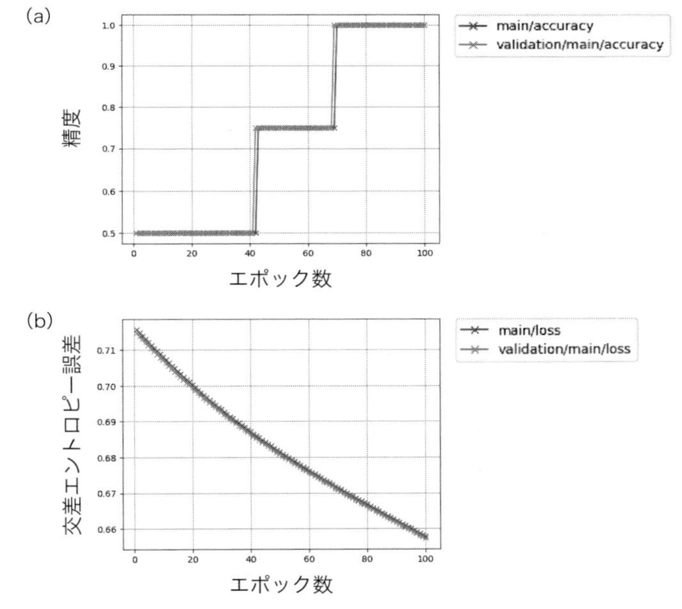

図 2.7 (a) 誤差のグラフと (b) 精度のグラフ（軸名は実際には出力されません）

図 2.7 (a) の精度のグラフはターミナル出力 2.1 の main/acc と valid/main/acc をグラフにしたもので，横軸がエポック数，縦軸が精度です．精度は入力したデータがどれだけ正しく分類できたのかを評価したものです．エポック数が増えていくとニューラルネットワークの重みが学習されていき，最終的に 100％正しく分類できている様子がわかります.

一方，図 2.7 (b) の誤差のグラフはターミナル出力 2.1 の main/loss と valid/

main/lossをグラフにしたもので，横軸がエポック数，縦軸がソフトマックス交差エントロピー誤差です．ソフトマックス交差エントロピー誤差は，ニューラルネットワークの出力層の値と教師信号との差を交差エントロピーで表現したもので，エポック数が増えるにつれ，この値が小さくなれば学習が進んでいるとみなすことができる指標です．自分が作ったニューラルネットワークがうまく学習してくれているかを測る重要な指標です．

また，学習回数を多くするとテストデータの精度が下がったり，誤差が増大したりします．2.5節の図2.11で説明しますが，これは「過剰適合（過学習，over fittingあるいはover training)」と呼ばれる現象で，学習データに特化したニューラルネットになりすぎて，テストデータに対応できなくなってしまうという現象です．この過剰適合を避けるために，精度や誤差のグラフを表示することは重要です．

2.3.8 学習状況の保存

53行目のコメントアウトを外すと再開用のファイルが生成されるようになります．今回の例では2秒程度で全体の計算が終わりますが，問題によっては何時間もかかる計算もあります．また，学習の途中でコンピュータの電源を落としたくなることもあります．そういった場合の対策として，再開用のファイルを作成します．

実行すると，resultディレクトリの下にsnapshot_iter_100，snapshot_iter_200などのファイルができます．なお，ここでは`trigger=(100,'epoch')`で100エポックごととして設定しています．対象とする問題によって，この値を調整してください．例えば，エポック数を100万回と設定していた場合，100エポックごとに再開用ファイルを作成してしまうと1万個のファイルが生成されることとなります．

54行目は再開用の関数です．コメントアウトを外し，snapshot_iter_500の数値の部分を変えることで，途中から再開することができます．例えば，この例のように500と書いてあれば，501エポックから再開します．

また，55行目のコメントアウトを外すと学習モデルをファイルに保存することができます．学習モデルのファイルには，リンクの重みなどいろいろな変数が保存されます．この例の場合，ファイル名はout.modelとなります．保存されたモデルを使うことで，学習済みモデルを使ったテストができるようになります．

学習済みのモデルを利用するには，32行目のコメントアウトを外します．

2.3.9 学習の実行

設定が長かったのですが，58行目で学習の実行が始まります．

2.4 ほかのニューラルネットワークへ対応

できるようになること 構造の違うニューラルネットワークを知り，Chainerで解く

使用プログラム or_2.py，or_5.py，count.py

2.4.1 パーセプトロン

リスト2.1に示したプログラムは，図2.5に示すように中間層が1層で3つのノードからなるニューラルネットワークを対象としました．ここでは，ニューラルネットワークの構造を変更する方法と入出力関係を変える方法を示します．

まず，図2.2に示す中間層がないニューラルネットワーク（パーセプトロン）への変更はリスト2.1のMyChainを**リスト2.2**のように変更することで対応できます．なお，出力は2つにしています．

リスト2.2 パーセプトロンの設定：or_2.pyの一部

```
1 class MyChain(chainer.Chain):
2     def __init__(self):
3         super(MyChain, self).__init__()
4         with self.init_scope():
5             self.l1 = L.Linear(2, 2) # 入力2，出力2
6     def __call__(self, x):
7         y = self.l1(x)
8         return y
```

2.4.2 5層のニューラルネットワーク（深層学習）

次に，**図2.8**に示すように3つの中間層を持ち，左からノード数が6，3，5となるニューラルネットワークに変更します．これは，MyChainを**リスト2.3**に変えることで実現できます．

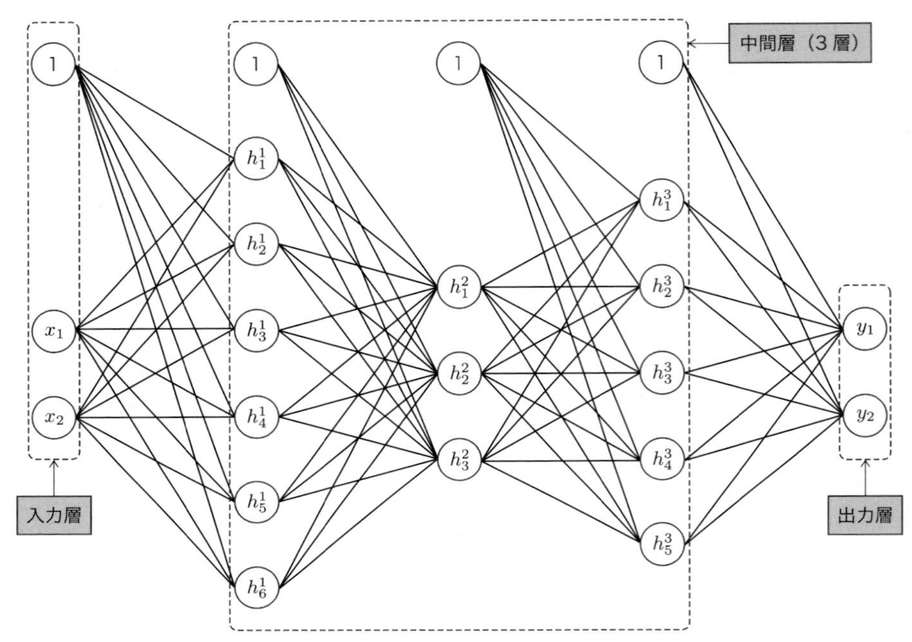

図 2.8 5層ニューラルネットワーク（ディープニューラルネットワーク）

リスト 2.3 5層ニューラルネットワークの設定：or_5.py の一部

```
 1 class MyChain(chainer.Chain):
 2     def __init__(self):
 3         super(MyChain, self).__init__()
 4         with self.init_scope():
 5             self.l1 = L.Linear(2, 6) # 入力2, 中間層6
 6             self.l2 = L.Linear(6, 3) # 中間層6, 中間層3
 7             self.l3 = L.Linear(3, 5) # 中間層3, 中間層5
 8             self.l4 = L.Linear(5, 2) # 中間層5, 出力2
 9     def __call__(self, x):
10         h1 = F.relu(self.l1(x))
11         h2 = F.relu(self.l2(h1))
12         h3 = F.relu(self.l3(h2))
13         y = self.l4(h3)
14         return y
```

一般的に，ディープニューラルネットワークは，中間層を2層以上（3層以上とする説もあります）にしたニューラルネットワークを指します．この定義からすると図 2.8 は深層学習になっています．ただし，これは設定の方法をわかりやすくするために設定した中間層の数ですので，この中間層の設定がよい値というわけではありません．

中間層の決め方にルールはありませんが，多数の中間層を使う場合は中間層のノード数はすべて同じにすることが多いです．また，入力の 1 割増し程度の中間層のノード数にしていることがよく見られます．

2.4.3 入力中の 1 の数を数える

OR とは異なる入出力関係を持つ例題を考えてみましょう．ここでは，**表 2.4** の関係を作るものを考えます．これは入力の中にある 1 の数を出力するものです．

表 2.4 1 の個数を答える問題

x_3	x_2	x_1	y
0	0	0	0
0	0	1	1
0	1	0	1
0	1	1	2
1	0	0	1
1	0	1	2
1	1	0	2
1	1	1	3

リスト 2.1 からの変更点を**リスト 2.4** に示します．y の値が 0 から 3 までとなっていて（19 行目），ネットワークの構成の出力が 4 となっていることがわかります（7 行目）．

リスト 2.4 1 の個数を答える問題の設定：count.py の一部

```
1  class MyChain(chainer.Chain):
2      def __init__(self):
3          super(MyChain, self).__init__()
4          with self.init_scope():
5              self.l1 = L.Linear(3, 6) # 入力3, 中間層6
6              self.l2 = L.Linear(6, 6) # 中間層6, 中間層6
7              self.l3 = L.Linear(6, 4) # 中間層6, 出力4
8      def __call__(self, x):
9          h1 = F.relu(self.l1(x))
```

```
10         h2 = F.relu(self.l2(h1))
11         y = self.l3(h2)
12         return y
13
14 epoch = 10000
15 batchsize = 8
16
17 # データの作成
18 trainx = np.array(([0,0,0], [0,0,1], [0,1,0], [0,1,1], [1,0,0], [1,0,1],
   [1,1,0], [1,1,1]), dtype=np.float32)
19 trainy = np.array([0, 1, 1, 2, 1, 2, 2, 3], dtype=np.int32)
```

2.5 ディープニューラルネットワークによる手書き数字認識

できるようになること 手書き数字の認識を通じて複雑なニューラルネットワークを扱う

使用プログラム MNIST_DNN.py

深層学習でよく扱われる問題の1つに手書き数字認識問題があります．そのデータセットの1つとしてMNISTがあります．本節では**図2.9**に示す手書き数字をディープニューラルネットワークを使って分類します．手書き数字の認識は画像処理に強い畳み込みニューラルネットワークの得意分野です．

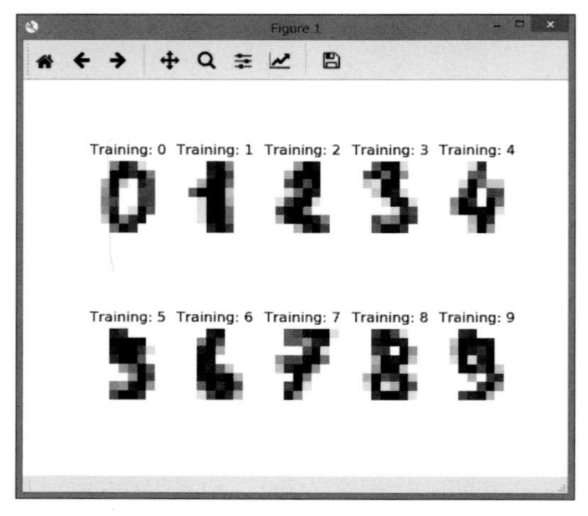

図2.9 手書き数字の一部（見やすくするために反転して表示）

まずは今まで説明したディープニューラルネットワークを使って手書き数字の認識について学び，それを基に2.6節で畳み込みニューラルネットワークを学ぶこととします．最も簡単なニューラルネットワークの構造を理解していれば，難しそうに見える手書き数字の分類もできてしまうのがChainerのすごいところです．

2.5.1　手書き数字の入力形式

一般に手書き数字の認識問題では28 × 28ピクセルからなる画像を使いますが，ここでは説明をわかりやすくするため，Python用のオープンソース機械学習ライブラリであるscikit-learnで使われている手書き数字データを使うこととします．

今回使用する手書き数字は8 × 8ピクセルで，グレースケールの階調が17段階に設定されているものを使います．データ数は1797個です．この手書き数字のデータ形式については2.5.3項にまとめたので参考にしてください．

ディープニューラルネットワークで手書き数字を認識するには**図2.10**に示す手順で行います．この図では，0を白，16を黒として階調に従った色を付けています．ディープニューラルネットワークでは，画像を横方向に分割して1列に並べ，それをニューラルネットワークの入力として用います．ここでは0~9の10個の数字に分類するため，出力ノードは10個となります．

なお，今回使う文字画像のデータは画素が横1列に並んでいるので，分割について考慮する必要はありません．

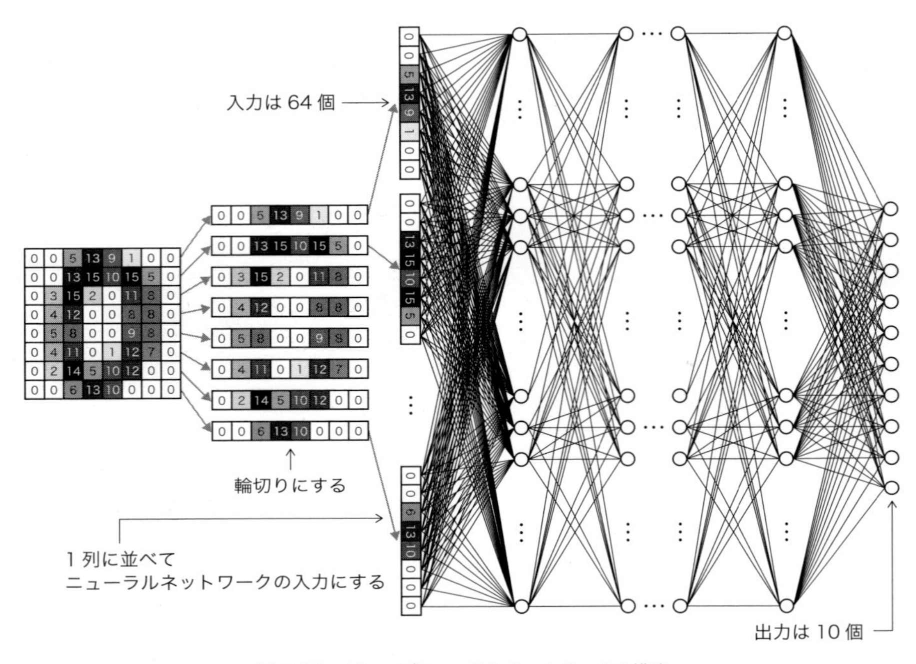

図2.10 ディープニューラルネットワークの構造

手書き数字をディープニューラルネットワークで分類するためのプログラムを**リスト2.5**に示します.

リスト2.5 手書き数字の判別：MNIST_DNN.py の一部

```
1  # -*- coding: utf-8 -*-
2  import numpy as np
3  import chainer
4  import chainer.functions as F
5  import chainer.links as L
6  import chainer.initializers as I
7  from chainer import training
8  from chainer.training import extensions
9  from sklearn.datasets import load_digits
10 from sklearn.model_selection import train_test_split
11 
12 class MyChain(chainer.Chain):
13     def __init__(self):
14         super(MyChain, self).__init__()
```

```
15          with self.init_scope():
16              self.l1 = L.Linear(64, 100)  # 入力64, 中間層100
17              self.l2 = L.Linear(100, 100) # 中間層100, 中間層100
18              self.l3 = L.Linear(100, 10)  # 中間層100, 出力10
19      def __call__(self, x):
20          h1 = F.relu(self.l1(x))
21          h2 = F.relu(self.l2(h1))
22          y = self.l3(h2)
23          return y
24
25  epoch = 20
26  batchsize = 100
27
28  # データの作成
29  digits = load_digits()
30  data_train, data_test, label_train, label_test = train_test_split(digits.data,
    digits.target, test_size=0.2)
31  data_train = (data_train).astype(np.float32)
32  data_test = (data_test).astype(np.float32)
33  train = chainer.datasets.TupleDataset(data_train, label_train)
34  test = chainer.datasets.TupleDataset(data_test, label_test)
35  # ニューラルネットワークの登録以降はリスト2.1と同じ
```


リスト2.1との違いは，scikit-learnを使うためのライブラリのインポート，ニューラルネットワークの構造の違い，学習データの作成方法の違いのみです．Linux，Mac，RasPiの場合は次のコマンドでscikit-learnライブラリをインストールする必要があります．Windows + Anacondaの場合は必要ありません．

```
$ sudo pip3 install scikit-learn
```

2.5.2 ディープニューラルネットワークの構造

プログラムの実行は次のコマンドで行います．

- Windows（Python2系，3系），Linux，Mac，RasPi（Python2系）の場合：

```
$ python MNIST_DNN.py
```

- Linux, Mac, RasPi (Python3系) の場合：

```
$ python3 MNIST_DNN.py
```

実行結果を**ターミナル出力 2.2** に示します．学習データの認識率が初めは約32.9%でしたが，学習終了時は約 99.8% まで上昇していることがわかります．

ターミナル出力 2.2 MNIST_DNN.py の実行結果

```
epoch       main/loss   valid/main/loss  main/acc   valid/main/acc  elapsed_time
1           2.46826     0.94379          0.328667   0.708333        0.0552141
2           0.562161    0.401634         0.832857   0.8825          0.102676
3           0.2798      0.257898         0.917333   0.9225          0.149225
 (中略)
19          0.0147339   0.106376         0.998      0.9725          0.93149
20          0.0150053   0.109896         0.997857   0.9675          0.982373
```

リスト 2.5 のプログラムについて，リスト 2.1 と異なる部分だけ説明します．

まず，9，10 行目で手書き数字のデータを得るためとそのデータを整理するために 2 つのライブラリを読み込んでいます．

次に，12～23 行目のニューラルネットワークの構造を設定している部分が異なります．ここでは中間層を 2 層とし，それらのノード数を 100 としました．この 100 の決め方にルールはなく，筆者らの経験によるうまくいきそうな値としています．そして，10 個の数字の分類なので，出力数を 10 としています．活性化関数には ReLU 関数を用いました．

そして，29～34 行目のデータを入力する部分では，まず手書き数字のデータを読み込み，それを digits に代入しています．2.3 節では学習データとテストデータが同じでしたが，本節では，手書き数字データのうち 20% をテストデータ，残り (80%) を学習データにするように 30 行目で分割しています．そして，学習データとテストデータの入力のそれぞれをリストに直して，ニューラルネットワークへの入力と教師ラベルがペアとなるようにタプル化を行い，学習とテストのためのデータを作成しています．

ここで，エポック数を 1000 にしたときの精度と誤差のグラフを**図 2.11** に示します．学習データに対する誤差は 0 に近づいていきますが，テストデータに対する誤差は学習するたびに増えています．精度についてもテストデータに対しては増加していない様子がわかります．これらは「過剰適合（過学習）」していることを表しています．このことからエポック数は 20 回程度でよいことがわかります．

(a)

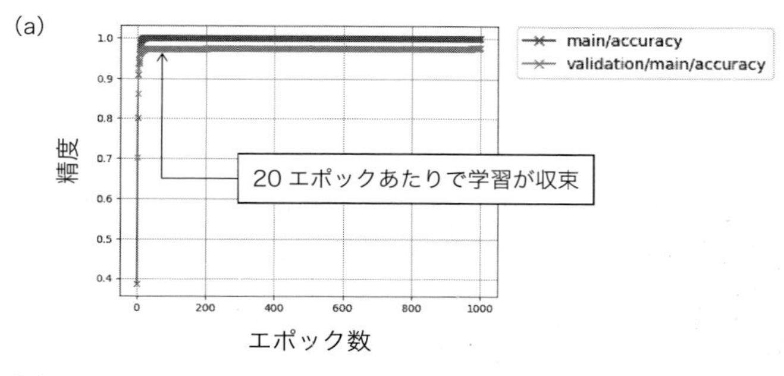

(b)

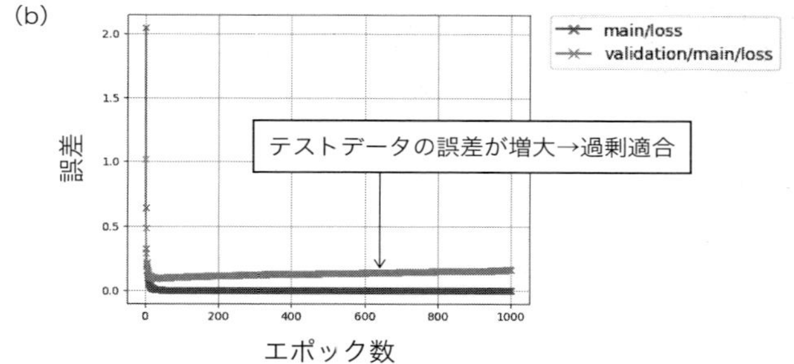

図 2.11　(a) 精度のグラフと (b) 誤差のグラフ

より解像度の高い手書き数字のデータ（MNIST）を使う方法は 5.1.3 項を参考にしてください．

2.5.3　8 × 8 の手書き数字データ

scikit-learn の手書き数字のデータ形式などについて説明を加えます．図 2.9 は**リスト 2.6** のスクリプトを実行することで表示できます．

リスト 2.6　手書き数字の表示：disp_number.py

```
1  # -*- coding: utf-8 -*-
2  from sklearn.datasets import load_digits
3  import matplotlib.pyplot as plt
4  digits = load_digits()
5  images_and_labels = list(zip(digits.images, digits.target))
6  for index, (image, label) in enumerate(images_and_labels[:10]):
```

```
 7      plt.subplot(2, 5, index + 1)
 8      plt.imshow(image, cmap=plt.cm.gray_r, interpolation='nearest')
 9      plt.axis('off')
10      plt.title('Training: %i' % label)
11  plt.show()
12
13  print(digits.data)
14  print(digits.target)
15  print(digits.data.shape)
16  print(digits.data[0])
17  print(digits.data.reshape((len(digits.data), 1, 8, 8))[0])
```

このデータの形式を説明します．

Qキーを押して図2.9のウインドウを閉じた後，**ターミナル出力2.3**のように表示されます．1～7行目の括弧でくくられた部分がdigits.dataの表示結果で，1797個の画像データを表しています．データが長いので省略した形で表されていますが，例えば1行目は図2.9の左上の0という文字の画像情報です．実際には各文字は64個の数字で構成されています．

ターミナル出力2.3　disp_number.pyの実行結果（図2.9を閉じた後に表示）

```
[[ 0.  0.  5. ...  0.  0.  0.]
 [ 0.  0.  0. ... 10.  0.  0.]
 [ 0.  0.  0. ... 16.  9.  0.]
 ...
 [ 0.  0.  1. ...  6.  0.  0.]
 [ 0.  0.  2. ... 12.  0.  0.]
 [ 0.  0. 10. ... 12.  1.  0.]]
[0 1 2 ... 8 9 8]
(1797, 64)
[ 0.  0.  5. 13.  9.  1.  0.  0.  0.  0. 13. 15. 10. 15.  5.  0.  0.  3.
 15.  2.  0. 11.  8.  0.  0.  4. 12.  0.  0.  8.  8.  0.  0.  5.  8.  0.
  0.  9.  8.  0.  0.  4. 11.  0.  1. 12.  7.  0.  0.  2. 14.  5. 10. 12.
  0.  0.  0.  0.  6. 13. 10.  0.  0.  0.]
[[[ 0.  0.  5. 13.  9.  1.  0.  0.]
  [ 0.  0. 13. 15. 10. 15.  5.  0.]
  [ 0.  3. 15.  2.  0. 11.  8.  0.]
  [ 0.  4. 12.  0.  0.  8.  8.  0.]
  [ 0.  5.  8.  0.  0.  9.  8.  0.]
```

```
 [ 0.  4. 11.  0.  1. 12.  7.  0.]
 [ 0.  2. 14.  5. 10. 12.  0.  0.]
 [ 0.  0.  6. 13. 10.  0.  0.  0.]]]
```

8行目の括弧でくくられた部分が digits.target の表示結果で，各画像データのラベルを表しています．つまり，1つ目のデータは0，2つ目のデータは1と続き，最後のデータは8を表していることが書かれています．これが教師データとなります．

9行目はデータ数と各データの長さを表しています．scikit-learn では 1797 個の文字データがあり，各データの長さは 64 であることがわかります．

10～13 行目は digits.data[0] の表示結果で，64 個のデータが横1列に並んでいます．これは8×8の画像の各画素の色の濃度を 17 段階で示したものです．実際，8×8のマス目を描いて，それぞれのマスの色をグレースケール 17 段階で塗れば**図 2.12** のようになります．なお，見やすくするために0を白，16 を黒として反転させたグレースケールとしています．

14～21 行目は digits.data.reshape((len(digits.data), 1, 8, 8))[0] の表示結果です．このようにすることで，8×8に整形したデータとすることができます．次に示す畳み込みニューラルネットワークでは，これを入力とします．

0	0	5	13	9	1	0	0
0	0	13	15	10	15	5	0
0	3	15	2	0	11	8	0
0	4	12	0	0	8	8	0
0	5	8	0	0	9	8	0
0	4	11	0	1	12	7	0
0	2	14	5	10	12	0	0
0	C	6	13	10	0	0	0

図 2.12 scikit-learn の手書き数字の 0

2.6 畳み込みニューラルネットワークによる手書き数字認識

できるようになること 畳み込みニューラルネットワークへの拡張

使用プログラム MNIST_CNN.py

ディープニューラルネットワークと同じ問題を，画像処理に強い深層学習の手法である畳み込みニューラルネットワークを用いて学習します．

リスト 2.4 に示したディープニューラルネットワークとの違いは，ニューラルネットワークの構造の違いと学習データの作成方法の違いの 2 点のみです．プログラムの作成方法は簡単なのですが，深層強化学習に畳み込みニューラルネットワークを組み込むことを考えると，畳み込みニューラルネットワークの原理を知って，画像サイズがどのように変わるかを知っておく必要があります．

ただし，すべて読まなくてもわかるように，画像サイズの変更の式を次に載せておきます．説明していない言葉がいくつか出てきますが，以降で説明します．ここでは簡単のため，入力画像や畳み込みフィルタ，プーリングフィルタは縦横のサイズが同じであると仮定します．

$$O = \left(\frac{W + 2P - FW}{S} + 1 \right) \times \frac{1}{PW}$$

ここで，各記号の意味は次の通りです．

- O ：出力画像サイズ
- W ：入力画像サイズ
- P ：パディングサイズ
- FW：畳み込みフィルタサイズ
- S ：ストライドサイズ
- PW：プーリングフィルタサイズ

まずは，畳み込みニューラルネットワークの原理を図 2.10 と同様に示すと**図 2.13** となります．

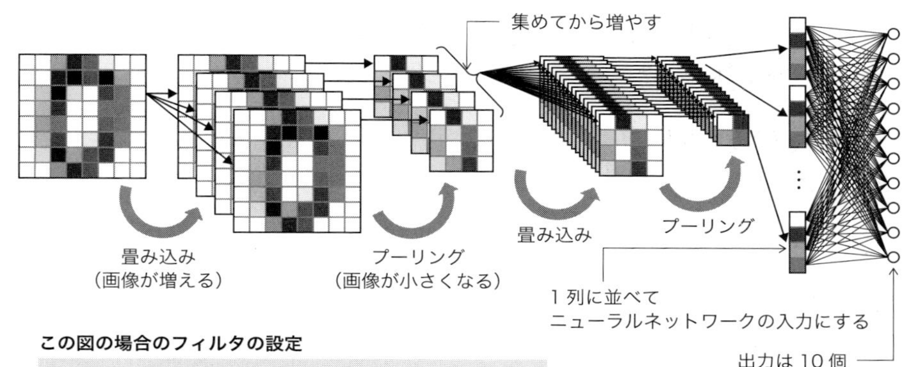

この図の場合のフィルタの設定

```
self.conv1 = L.Convolution2D(1, 4, 3, 1, 1)
self.conv2 = L.Convolution2D(4, 16, 3, 1, 1)
self.l3 = L.Linear(64, 10)

h1 = F.max_pooling_2d(F.relu(self.conv1(x)), 2, 2)
h2 = F.max_pooling_2d(F.relu(self.conv1(h1)), 2, 2)
y = self.l3(h2)
```

図 2.13 畳み込みニューラルネットワークの原理

ディープニューラルネットワークでは画像を輪切りにしていましたが，畳み込みニューラルネットワークでは画像の枚数を増やしたり（畳み込み），画像を縮小したり（プーリング）を繰り返しています．これは，画像では上下左右のような近傍の情報が重要であるため，ぶつ切りにせずに画像の情報を保ったまま処理する方法を採用しているからです．そして最後は通常のディープニューラルネットワークと同様のニューラルネットワークで判定を行います．この図の中の「畳み込み」と「プーリング」が畳み込みニューラルネットワークのポイントとなります．

まずは実行してみましょう．MNIST_CNN.py があるディレクトリで次のコマンドを実行します．

● Windows（Python2 系，3 系），Linux，Mac，RasPi（Python2 系）の場合：

```
$ python MNIST_CNN.py
```

● Linux，Mac，RasPi（Python3 系）の場合：

```
$ python3 MNIST_CNN.py
```

実行結果は**ターミナル出力 2.4** のようになります．学習データの認識率が初めは約 24.9％でしたが，学習終了時は 100％まで上昇していることがわかります．

ターミナル出力 2.4　MNIST_CNN.py の実行結果

```
epoch       main/loss    valid/main/loss  main/acc  valid/main/acc  elapsed_time
1           3.8239       1.72135          0.249333  0.430833        0.290188
2           1.24541      0.831377         0.606429  0.7075          0.557274
3           0.580259     0.493829         0.826667  0.836667        0.840821
（中略）
19          0.0287138    0.116627         0.999333  0.964167        5.37
20          0.0271587    0.101289         1         0.965           5.66434
```

畳み込みニューラルネットワークのほうがディープニューラルネットワークよりもよい結果が得られていることがわかります．なお，実行するたびに結果が変わりますので，ディープニューラルネットワークよりも低い認識率になることもあります．

2.6.1　畳み込み

畳み込みは図 2.13 に示したように，画像を増やすことを目的に使われる処理です．原理さえわかってしまえば，通常のニューラルネットワークと同様に四則演算だけで計算できます．ここで重要なことは，畳み込みによって画像サイズがどのように変わるかを知っておく点です．

まずは，畳み込みに使われるフィルタの役割について述べます．**図 2.14** を用いて計算の仕方を順を追って説明します．

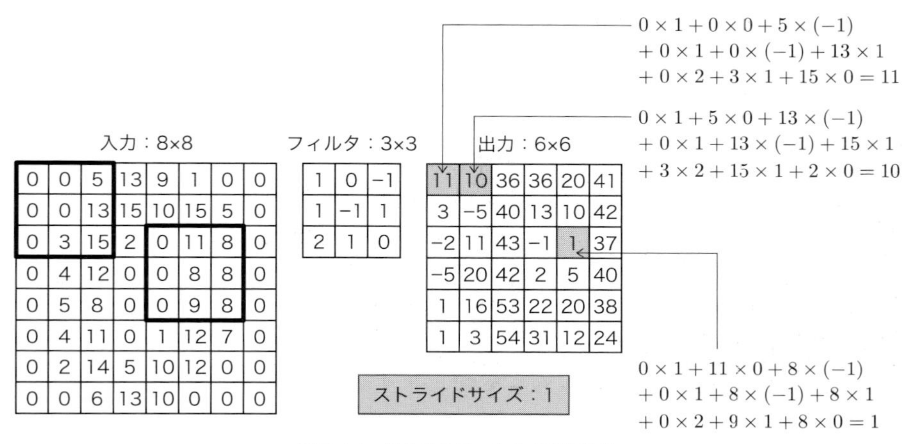

図 2.14 畳み込みフィルタの計算方法

入力データの左上の 3 × 3 の部分に対して 3 × 3 のフィルタを適用して計算することを考えます．これを畳み込みフィルタサイズ 3 と呼びます．この計算は図 2.14 に示す通り，同じ部分は掛け合わせて，その結果の 9 個の数を足し合わせることを行います．左上の結果は 11 となります．これを，計算する部分を 1 つずつ動かして計算していきます．右に 1 つ動かした場合の計算も図の中に示しています．

そして例えば，フィルタを上から 3 つ目，左から 5 つ目の位置に動かした場合は，図中の計算が行われて 1 が得られます．これを入力データ全域で計算していきます．なお，図 2.14 の入力データは図 2.12 を用いています．よく見ると入力画像は 8 × 8 ですが，出力画像は 6 × 6 となっていて，出力画像が少しだけ小さくなっています．

図 2.14 の例では 1 つずつフィルタをずらしました．この処理をストライドと呼び，ずらし幅をストライドサイズと呼びます．1 つずつずらす場合はストライドサイズは 1 です．ストライドサイズ 2 で 2 つずつフィルタをずらすと**図 2.15** のようになり，この場合，出力画像はより小さくなります．

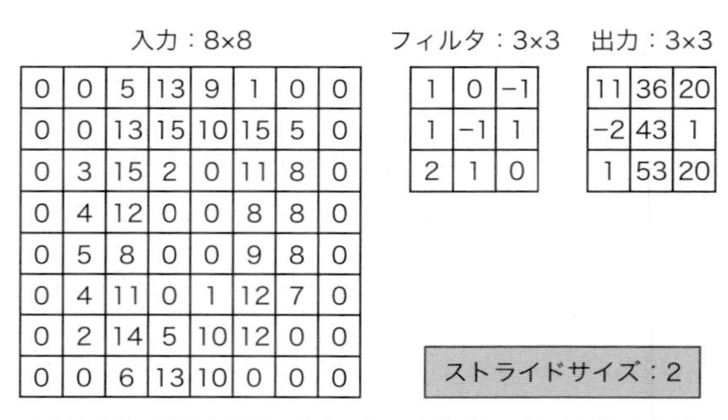

入力：8×8

0	0	5	13	9	1	0	0
0	0	13	15	10	15	5	0
0	3	15	2	0	11	8	0
0	4	12	0	0	8	8	0
0	5	8	0	0	9	8	0
0	4	11	0	1	12	7	0
0	2	14	5	10	12	0	0
0	0	6	13	10	0	0	0

フィルタ：3×3

1	0	−1
1	−1	1
2	1	0

出力：3×3

11	36	20
−2	43	1
1	53	20

図 2.15　畳み込みフィルタの計算方法（ストライドサイズ 2）

図 2.14 に示したように，ストライドサイズ 1 の場合も畳み込みを行うと画像が少しだけ小さくなりますが，畳み込みフィルタを適用しても画像サイズは小さくしたくない場合もあります．例えば，入力画像が小さすぎる場合や，大きなサイズのフィルタを使いたい場合，畳み込み層を増やして深いネットワークを構築したい場合などです．

そのときには，**図 2.16** のように周りを 0 で埋める前処理を行います．フィルタサイズが 3 × 3 の場合，1 重に 0 で埋めると計算後の画像サイズもそのままの大きさとなります．0 で埋める処理のことをゼロパディングと呼びます．フィルタサイズが 5 × 5 の場合は，2 重に 0 で埋めれば計算後の画像サイズをそのままの大きさにすることができます．このように 0 で埋めるサイズはパディングサイズと呼ばれています．

入力：8×8

0	0	0	0	0	0	0	0	0	0
0	0	0	5	13	9	1	0	0	0
0	0	0	13	15	10	15	5	0	0
0	0	3	15	2	0	11	8	0	0
0	0	4	12	0	0	8	8	0	0
0	0	5	8	0	0	9	8	0	0
0	0	4	11	0	1	12	7	0	0
0	0	2	14	5	10	12	0	0	0
0	0	0	6	13	10	0	0	0	0
0	0	0	0	0	0	0	0	0	0

周囲を 0 で埋める

パディングサイズ：1

フィルタ：3×3

1	0	−1
1	−1	1
2	1	0

出力：8×8

0	5	21	42	45	43	36	10
0	11	10	36	36	20	41	21
3	3	−5	40	13	10	42	29
1	−2	11	43	−1	1	37	32
1	−5	20	42	2	5	40	30
−1	1	16	53	22	20	38	15
−2	1	3	54	31	12	24	7
−2	−8	4	7	−4	20	12	0

図 2.16　畳み込みフィルタの計算方法（パディングサイズ 1）

次に，画像を増やすために**図 2.17** のように複数のフィルタを使います．ここで，フィルタの役割を補足しておきます．

フィルタは，学習が進むにつれて画像内の特徴を抽出する役割を果たします．例えば，縦棒に反応するフィルタや横棒，斜め棒，マルに反応するフィルタなど，フィルタごとに役割を持つようになります．画像中の特徴をたくさん得るためには複数のフィルタが必要となるのです．図 2.17 の例ではフィルタを 3 つ使って画像が 3 つにわかれました．このフィルタの数のことをチャンネル数といいます．このように 1 つの画像に対していくつかのフィルタを使うことで画像を増やしています．

入力：8×8

0	0	0	0	0	0	0	0	0	0
0	0	0	5	13	9	1	0	0	0
0	0	0	13	15	10	15	5	0	0
0	0	3	15	2	0	11	8	0	0
0	0	4	12	0	0	8	8	0	0
0	0	5	8	0	0	9	8	0	0
0	0	4	11	0	1	12	7	0	0
0	0	2	14	5	10	12	0	0	0
0	0	0	6	13	10	0	0	0	0
0	0	0	0	0	0	0	0	0	0

周囲を 0 で埋める

フィルタ：3×3

1	0	−1
1	−1	1
2	1	0

0	1	−1
−1	0	1
1	−1	0

2	−1	0
0	2	−2
1	−1	1

出力：8×8

0	5	21	42	45	43	36	10
0	11	10	36	36	20	41	21
3	3	−5	40	13	10	42	29
1	−2	11	43	−1	1	37	32
1	−5	20	42	2	5	40	30
−1	1	16	53	22	20	38	15
−2	1	3	54	31	12	24	7
−2	−8	4	7	−4	20	12	0

0	5	0	2	−7	−14	9	5
0	5	−5	14	10	−15	−12	3
3	−2	−11	2	4	10	−6	0
1	−5	6	−2	−3	2	1	0
1	−4	0	3	0	−3	4	−1
−1	6	−8	−1	−2	5	8	−7
−2	7	8	−12	−1	5	−5	0
−2	−6	22	−1	−15	2	0	0

0	3	−14	16	36	2	10	5
3	−14	−19	20	20	34	15	8
−2	−16	5	27	6	11	41	18
−3	−16	12	36	−3	−12	31	24
−6	−3	5	36	−7	−10	29	23
−6	−7	17	33	−15	−1	36	16
−4	−22	22	15	−2	24	17	14
0	−14	−24	29	20	8	24	0

図 2.17 多数の畳み込みフィルタを用いて画像を増やす処理

畳み込みニューラルネットワークでは，このフィルタの中に書かれた値が学習によって自動的に変わっていきます．

2.6.2 活性化関数

畳み込みを行った後に各画素に対して活性化関数の処理をします．例えば，図2.14のフィルタを用いて処理した出力データに，深層学習でよく利用されるReLU関数を用いた場合，**図2.18**のようになります．ここでは，0にした部分（もともとは0未満だった部分）の色を反転させて表示しています．

このようにすべての要素に対して活性化関数の処理をします．

0	5	21	42	45	43	36	10
0	11	10	36	36	20	41	21
3	3	−5	40	13	10	42	29
1	−2	11	43	−1	1	37	32
1	−5	20	42	2	5	40	30
−1	1	16	53	22	20	38	15
−2	1	3	54	31	12	24	7
−2	−8	4	7	−4	20	12	0

0	5	21	42	45	43	36	10
0	11	10	36	36	20	41	21
3	3	0	40	13	10	42	29
1	0	11	43	0	1	37	32
1	0	20	42	2	5	40	30
0	1	16	53	22	20	38	15
0	1	3	54	31	12	24	7
0	0	4	7	0	20	12	0

図2.18 活性化関数による処理

2.6.3 プーリング

プーリングは画像を小さくする役割があります．プーリングにはいくつか種類がありますが，その代表的なものとして，ここでは最大値プーリングを説明します．

最大値プーリングの計算方法を**図2.19**に示します．フィルタの中にある数値の最大値を残すものです．この図では2×2のフィルタを利用しており，これをプーリングフィルタサイズ2と呼びます．なお，プーリングをする際には，フィルタのサイズ分だけストライドさせます．出力は図2.19のように最大値のみを集めたものになります．

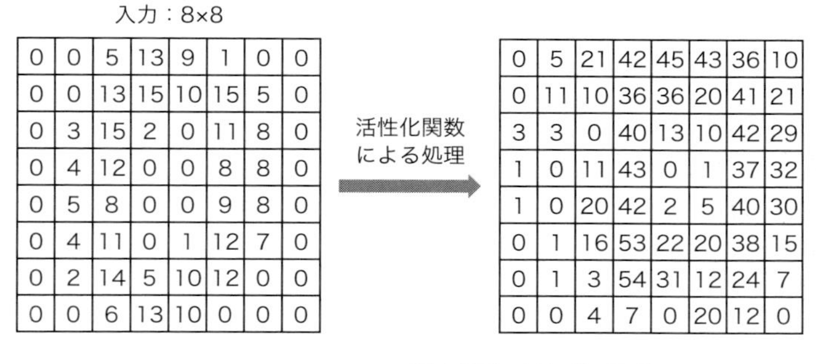

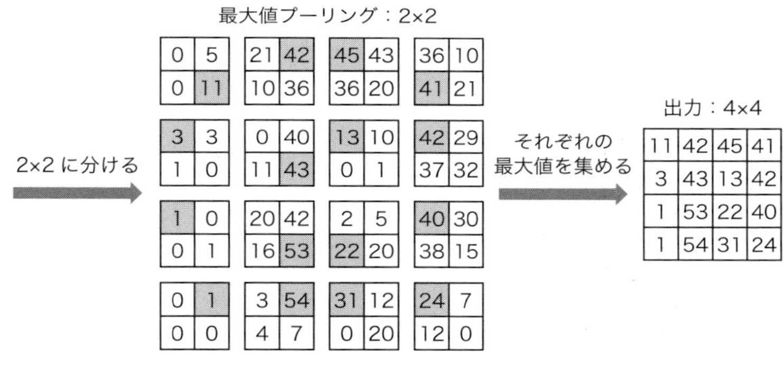

図 2.19 最大値プーリングの計算方法（プーリングフィルタサイズ 2）

最大値プーリングのほかにも次のプーリングがあります．

- 平均値プーリング
- 空間ピラミッド（Spatial Pyramid）プーリング
- ROI（Region of Interest）プーリング

2.6.4 実行

手書き数字を畳み込みニューラルネットワークで分類するためのプログラムを**リスト 2.7** に示します．リスト 2.5 との違いは，ニューラルネットワークの構造の違いと学習データの作成方法の違いの 2 点のみです．

リスト 2.7 畳み込みニューラルネットワークによる MNIST：MNIST_CNN.py の一部

```
1  class MyChain(chainer.Chain):
2      def __init__(self):
3          super(MyChain, self).__init__()
4          with self.init_scope():
```

```
5          self.conv1=L.Convolution2D(1, 16, 3, 1, 1)  # 1層目の畳み込み層
   (チャンネル数は16)
6          self.conv2=L.Convolution2D(16, 64, 3, 1, 1) # 2層目の畳み込み層
   (チャンネル数は64)
7          self.l3=L.Linear(256, 10) # クラス分類用
8      def __call__(self, x):
9          h1 = F.max_pooling_2d(F.relu(self.conv1(x)), 2, 2) # 最大値プーリング
   は2×2, 活性化関数はReLU
10         h2 = F.max_pooling_2d(F.relu(self.conv2(h1)), 2, 2)
11         y = self.l3(h2)
12         return y
13
14 epoch = 20
15 batchsize = 100
16
17 # データの作成
18 digits = load_digits()
19 data_train, data_test, label_train, label_test = train_test_split(digits.data,
   digits.target, test_size=0.2)
20 data_train = data_train.reshape((len(data_train), 1, 8, 8)) # 1×8×8の行列に
   変更
21 data_test = data_test.reshape((len(data_test), 1, 8, 8))
```

リスト2.5と異なる部分だけプログラムの説明を行います．まず1つ目はニューラルネットワークの構造です．

1. ニューラルネットワークの構造

ニューラルネットワークの構造は図2.13で示した構造に似ています．違いはフィルタの数です．

まず，リスト2.7の5行目の部分を示します．

```
5 self.conv1=L.Convolution2D(1, 16, 3, 1, 1)  # 1層目の畳み込み層（チャンネル数
  は16)
```

Convolution2Dの引数は次のようになっています．

- 第1引数：入力チャンネル数
  （グレースケール画像の場合は1，カラー画像では3）
- 第2引数：出力チャンネル数
- 第3引数：フィルタサイズ
- 第4引数：ストライドサイズ
- 第5引数：パディングサイズ

つまりconv1では，ストライドサイズを1，パディングサイズを1として，16個の3×3のフィルタを適用しています．この場合，1枚の画像から各フィルタが適用された16個の画像が作られます．それらの画像のサイズは元の画像と変わりません．

なお，次のように書くこともできます．

```
5  L.Convolution2D(in_channels=1, out_channels=16, ksize=3, stride=1, pad=1)
```

次に，6行目では64種類のフィルタを適用しています．それにはまず16枚の画像をマージして（すべて足し合わせるなどの処理を行い）1枚の画像にします．これに64種類のフィルタを適用することで，最終的に64枚の画像が得られます．

```
6  self.conv2=L.Convolution2D(16, 64, 3, 1, 1) # 2層目の畳み込み層（チャンネル数
   は64）
```

最後に7行目で図2.13に示すようなニューラルネットワークで10種類（これを「クラス」ともいいます）に分類しています．ここで重要なのが256という数です．この求め方についてはプーリングの説明の後に示します．

```
7  self.l3=L.Linear(256, 10) # クラス分類用
```

プーリングは9行目で設定しています．

```
9  h1 = F.max_pooling_2d(F.relu(self.conv1(x)), 2, 2) # 最大値プーリングは2×2,
   活性化関数はReLU
```

max_pooling_2dの引数は次のようになっています.

- 第1引数:入力データ
- 第2引数:フィルタサイズ
- 第3引数:ストライドサイズ

畳み込みで計算した後,ReLU関数で処理し,最大値プーリング関数(max_pooling_2d)で画像を小さくしています.最大値プーリングの場合はフィルタサイズとストライドサイズを同じにしておく方法がよく用いられます.なお,次のように書くこともできます.

```
9 h1 = F.max_pooling_2d(F.relu(self.conv1(x)), ksize=2, stride=2)
```

そして最後に,11行目の部分でニューラルネットワークの出力を計算しています.この出力を10種類(10クラスともいいます)に分類します.

```
11 y = self.l3(h2)
```

ここで,l3を決めるときに用いた256の求め方を示します.入力画像のサイズや畳み込みとプーリングに用いたサイズを次に示します.

- 入力画像サイズ :8
- 畳み込みフィルタサイズ :3
- パディングサイズ :1
- ストライドサイズ :1
- プーリングフィルタサイズ:2

この処理を2回行います.

まず,1回目の畳み込みでは画像サイズは変わりません.つまり,画像サイズは8です.そして,1回目のプーリングでサイズが4に変わります.

次に,2回目の畳み込みでも画像サイズは変わりません.つまり,画像サイズは4です.そして,2回目のプーリングでサイズが2に変わります.また,64枚のフィルタを用いています.

以上から,$2 \times 2 \times 64 = 256$と計算されます.

2. 入力データの作り方

もう1つの異なる点は入力データの作り方です．手書き数字のデータは64次元の横1列のベクトルになっています．これを畳み込みニューラルネットワークで処理できるように1×8×8のベクトル（行列）に変換するためには次のようにします．なお，Chainerの場合，画像は色情報×縦×横の3次元行列にする必要があります．

```
20 data_train = data_train.reshape((len(data_train), 1, 8, 8)) # 1×8×8の行列に
   変更
```

2.7 使いこなすテクニック

使い方はだいぶわかったと思いますが，使いこなすにはちょっとしたテクニックが必要となります．そこで本節では，つまずきやすいと思われることの解決方法を紹介します．2.7.1～2.7.4項ではリスト2.1に示したor.pyを変更し，2.7.5項では2.6節に示したMNIST_CNN.pyを変更します．

2.7.1 ファイルのデータを読み込む

使用プログラム or_file.py

ここでは学習データをファイルから読み込む方法を紹介します．ORの入出力関係を**リスト2.8**のようにtest.txtファイルに書いておき，ファイルから読み取ることを行います．

リスト2.8 学習とテストのためのORファイル：test.txt

```
0 0 0
0 1 1
1 0 1
1 1 1
```

変更点は**リスト2.9**となります．

リスト2.9 ファイルから読み取る：or_file.py の一部

```
1  （変更前）
2  trainx = np.array(([0,0], [0,1], [1,0], [1,1]), dtype=np.float32)
3  trainy = np.array([0, 1, 1, 1], dtype=np.int32)
```

```
1  （変更後）
2  # データの作成
3  with open('test.txt', 'r') as f:
4      lines = f.readlines()
5  
6  data = []
7  for l in lines:
8      d = l.strip().split()
9      data.append(list(map(int, d)))
10 data = np.array(data, dtype=np.int32)
11 trainx, trainy = np.hsplit(data, [2])
12 trainy = trainy[:, 0]  # 次元削減
```

2.7.2 学習モデルを使う

使用プログラム or_model.py

学習が終了したときにできるモデルを使う方法を紹介します．これは2.3節でも示しましたが，ここでもう一度まとめておきます．まず，学習を終わらせてモデルファイルを作成しておく必要があります．学習モデルはor.pyの次の行のコメントアウトを外して実行することで生成できます．

```
55 chainer.serializers.save_npz('result/out.model', model)
```

学習済みモデルを使うときには，学習したニューラルネットワークの構造とまったく同じ構造を書いておく必要があります．また，学習モデルを用いた分類ではpredictor関数を用います．

ニューラルネットワークの構造までは同じとなり，それ以降の変更点を**リスト2.10**に示します．リスト2.10は入力データを変更しています．教師データは必要ないので削除しています．そして，分類する部分を示しています．分類のときに重要となるのが11行目です．まず，入力（x）をpredictor関数で分類します．

そしてその結果を softmax 関数に入れて 0〜9 までの数字に分類しています.

リスト 2.10 モデルを使う入力データの変更：or_model.py の一部

```
1  （ネットワークの構造までは同じ）
2  # データの作成
3  test = np.array(([0,0], [0,1], [1,0], [1,1], [0.7,0.8], [0.2,0.4], [0.9,0.2]),
   dtype=np.float32)
4  
5  # ニューラルネットワークの登録
6  model = L.Classifier(MyChain(), lossfun=F.softmax_cross_entropy)
7  chainer.serializers.load_npz('result/out.model', model)
8  # 学習結果の評価
9  for i in range(len(test)):
10     x = chainer.Variable(test[i].reshape(1,2))
11     result = F.softmax(model.predictor(x))
12     print('input: {}, result: {}'.format(test[i], result.data.argmax()))
```

実行結果を**ターミナル出力 2.5** に示します．0.7 などでも判別できることがわかります.

ターミナル出力 2.5 or_model.py の実行結果

```
input: [0. 0.], result: 0
input: [0. 1.], result: 0
input: [1. 0.], result: 1
input: [1. 1.], result: 1
input: [0.7 0.8], result: 1
input: [0.2 0.4], result: 0
input: [0.9 0.2], result: 1
```

2.7.3 学習を再開する

使用プログラム or_restart.py

学習を途中から再開する方法を紹介します．これは 2.3 節でも示しましたが，ここでもう一度まとめておきます．まず，学習を途中まで終わらせて再開のためのスナップショットを作成しておく必要があります．学習再開のためのスナップショットは or.py の次の行のコメントアウトを外して実行することで生成できます.

```
53 trainer.extend(extensions.snapshot(), trigger=(100, 'epoch')) # 学習再開のため
   のスナップショット出力
```

この場合，100 エポックごとにスナップショットが保存されます．

スナップショットが生成されたら，次のようにコメントアウトを外して実行することで，途中から再開することができます．この場合，500 エポックから再開できます．

```
54 chainer.serializers.load_npz('result/snapshot_iter_500', trainer) # 再開用
```

2.7.4 重みを調べる

使用プログラム or_w.py

学習終了時のリンクの重みを調べる方法を紹介します．まず，学習を終わらせてモデルファイルを作成しておく必要があります．学習モデルは or.py の次の行のコメントアウトを外して実行することで生成できます．

```
55 chainer.serializers.save_npz('result/out.model', model)
```

これを使って重みをターミナルに出力するためのプログラムを**リスト 2.11** に示します．

リスト 2.11 重みを調べる：or_w.py の一部

```
1 （追加）
2 chainer.serializers.load_npz('result/out.model', model)
3
4 print (model.predictor.l1.W.data) # ノードの重み
5 print (model.predictor.l1.b.data) # バイアスの重み
```

これを実行したときの出力を**ターミナル出力 2.6** に示します．重みの並び順は次のようになっています．

```
[[w11 w21]
 [w12 w22]
 [w13 w23]]
[b1 b2 b3]
```


ターミナル出力 2.6 or_w.py の実行結果

```
[[ 0.43744656  0.78522617]
 [-0.9432815   0.21682075]
 [ 0.81308144 -0.3283414 ]]
[0. 0. 0.]
```

2.7.5 ファイルから手書き数字を読み込む

使用プログラム MNIST_CNN_File.py

自分で書いた手書き数字を入力として，学習モデルを使って分類する方法を紹介します．

まずは，ペイントソフトなどで書いた文字をファイルで保存し，入力として使う方法を示します．データの読み込み方法に少し工夫が必要ですが，これは 2.7.1，2.7.2 項に示した方法と似ています．

データの作り方は，ペイントなどのソフトで縦横のピクセル数が同じになるように新規に画像を生成し，大きく数字を書きます．それを 0.png などの名前で保存して，MNIST_CNN_File.py があるディレクトリに number というディレクトリを作り，そのディレクトリに置きます．

ニューラルネットワークの構造までは基本的に同じです．それ以降の変更点を**リスト 2.12** に示します．

リスト 2.12 ファイルに書かれた手書き数字を入力データとして使う：MNIST_CNN_File.py の一部

```
1  # ニューラルネットワークの登録
2  model = L.Classifier(MyChain(), lossfun=F.softmax_cross_entropy)
3  chainer.serializers.load_npz('result/CNN.model', model)
4  
5  # ファイルからの画像の読み込み
6  img = Image.open('number/2.png')
7  img = img.convert('L') # グレースケール変換
```

```
 8  img = img.resize((8, 8)) # 8×8にリサイズ
 9  
10  img = 16.0 - np.asarray(img, dtype=np.float32) / 16.0 # 白黒反転, 0-16に正規
    化, array化
11  img = img[np.newaxis, np.newaxis, :, :] # 4次元行列に変換（1×1×8×8, バッチ
    数×チャンネル数×縦×横）
12  x = chainer.Variable(img)
13  y = model.predictor(x)
14  c = F.softmax(y).data.argmax()
15  print(c)
```

リスト 2.12 を実行する前に MNIST_CNN.py を実行し，学習を終わらせてモデルファイルを作成しておきます．その後でリスト 2.12 を実行すると**ターミナル出力 2.7** が表示されます．ただし，画像の認識率はあまり高くありません．

ターミナル出力 2.7 MNIST_CNN_File.py の実行結果

```
2
```

深層学習についてはだいぶ慣れてきたでしょうか．次の第 3 章では深層強化を学ぶ上でのもう 1 つの柱となる，強化学習について学びましょう．

第3章
強化学習

3.1 強化学習とは

本章では，深層強化学習のもう１つの柱である，強化学習について説明していきます．第１章で述べたように，強化学習は，よい状態と悪い状態だけを決めておいてその過程を自動的に学習し，よりよい動作を獲得する問題などに用いられている機械学習の一手法です．本章では，ネズミ学習問題と倒立振子の問題を解くことで強化学習を学びます．

本書の主題である深層強化学習を使いこなすには，深層学習と同様に強化学習を知っておく必要があります．強化学習は半教師あり学習というほかの機械学習にはない強みを持っています．そこでまず，半教師あり学習とはどのようなものかを説明します．

深層学習や強化学習は，大きな枠組みで見ると機械学習の一部です．名前に学習とは付いていない，主成分分析などのデータマイニングと呼ばれる手法も，機械学習の一部としてみなされることが多くあります．

機械学習は，**表 3.1** に示すように「教師あり学習」「教師なし学習」「半教師あり学習」の３つに分類することができます．

表3.1 機械学習の種類（一例）

機械学習の分類	主な手法
教師あり学習	ニューラルネットワーク，サポートベクターマシン（SVM），決定木，条件付き確率場（CRF）
教師なし学習	主成分分析，クラスタ分析，自己組織化マップ（SOM），*k*-means，潜在的ディリクレ配分法（LDA），オートエンコーダ
半教師あり学習	強化学習，変分オートエンコーダ

3.1.1 教師あり学習

教師あり学習は，すべての入力データに対して，その答え（教師データ）がセットになっているデータを使って学習する手法です．

例えば，イヌとネコの写真を学習して分類することを考えます．イヌが写っている写真とネコが写っている写真を何らかの方法で集めて[注1]，「イヌ」ディレクトリと「ネコ」ディレクトリに入れておきます．そして，それぞれのディレクトリからデータを取り出して学習の入力とすることで，答えがわかっている写真となり，答えとセットで学習します．

3.1.2 教師なし学習

教師なし学習は，入力データに対して，それぞれの手法で重要視する要素を計算し，入力データを自動的に分類する方法です．教師あり学習とは異なり，入力データが何を表すのかという答えのないデータのみを用いている点が特徴です．

例えば，クラスタ分析の場合はデータの距離（各要素の差の二乗和など）を計算して近いもの同士を同じカテゴリに分類しています．主成分分析の場合はデータのばらつきに着目し，それを大きい順に並べることで傾向を表示しています．

3.1.3 半教師あり学習

半教師あり学習は，明確な「答え」は教えませんが，何らかの学習したモデルがうまくいっているか，もしくはうまくいっていないかという情報を使って学習する方法です．あるいは，小規模な教師ありデータで学習して，大規模な教師なしデータで学習するような場合も半教師あり学習といいます．ここでは強化学習について説明します．

注1 たいていは人間が行います．

強化学習は，ある条件を満たしたら報酬が得られるようにしておいて，それに至る過程は何も規定しないという方法になります．人間が決めるのはこの報酬だけとなるため，すべてに答えがあるわけではないことからこのような名前が付いています．

例えば，第1章の図1.1に示したスペースインベーダーを考えたとき，初めからすべての動作の答えを用意しておくことはまず無理です．すべての答えとは，スタート直後の0.1秒間を考えた場合，砲台を左に動かすか，右に動かすか，動きながらミサイルを発射するのか，など多くの行動について，すべての時刻に対してそれらに「よい」もしくは「悪い」という答えを付けておくこととなります．こういった動作の答えをあらかじめ持っておくことは現実的ではありません．また，すべてに答えを付ける場合は人間が考えた動作だけ行うことになります．

これに対して，インベーダーのミサイルに当たってはいけないという負の報酬（罰）とインベーダーを撃沈するという正の報酬（褒美）を設定しておくだけならできます．そして強化学習は，負の報酬を減らして正の報酬が大きくなるような行動を自ら見つけていくことで，目的を達成します．これにより，ときには人間が考えもしなかった答えを自動的に見つけ出すこともあります．例えば，名古屋打ち[注2]を深層強化学習が自ら見つけたという事例も聞いています．

3.2 強化学習の原理

できるようになること Qラーニングの原理を知る

強化学習にはいろいろな種類がありますが，ここでは実装が比較的容易で，かつ，深層強化学習に組み込みやすいQラーニングに限定して説明します．

まずは原理を示して，その後で詳しく説明していきます．すぐにはわからなくても問題ありません．Qラーニングでは次の4つのキーワードが重要となります．そして，それぞれを右側の変数で表すことが一般的です．

- 状態：s_t
- 行動：a
- 報酬：r
- Q値：$Q(s_t, a)$

注2 Wikipedia https://ja.wikipedia.org/wiki/スペースインベーダー#名古屋撃ち

少し難しい書き方ですが，Qラーニングでは行動するごとにQ値を変化させ，目的に合ったQ値を学習します．Q値の学習は次の式で行います．なお，αとγはあらかじめ設定しておく定数です．

$$Q(s_t, a) \leftarrow (1-\alpha)Q(s_t, a) + \alpha(r + \gamma \max Q) \tag{3.1}$$

この式がQラーニングの最も重要な点ですが，すぐにはわからないと思います．以降では，例を用いてこの式を紐解いていきます．そして，それをプログラミングして実際に学習を行います．

3.3 簡単な例で学習

できるようになること 問題を状態遷移図にして表す

強化学習でよく用いられる例題には，迷路探索問題と第1章に簡単に示したネズミ学習問題（スキナーの箱）があります．迷路探索問題に比べてネズミ学習問題はより簡単な問題となっています．本書ではネズミ学習問題を例にとり，強化学習と深層強化学習でプログラムを作ります．そして，ロボットで実現するときにもネズミ学習問題を用います．簡単ですが，説明にはちょうどよいのです．

ネズミ学習問題は第1章でも示しましたが，ここでおさらいをしておきます．

ネズミ学習問題（再掲）

かごに入ったネズミが1匹います．

かごには2つのボタンが付いた自販機があり，自販機にはランプが付いています．図1.5の左側のボタン（電源ボタン）を押すたびに自販機の電源がONとOFFを繰り返します．そして，自販機の電源が入るとランプの明かりが点きます．電源が入っているときに限り，右側のボタン（商品ボタン）を押すとネズミの大好物の餌が出てきます．

さて，ネズミは手順を学習できるでしょうか？

図 1.5 ネズミ学習問題（再掲）

この問題を状態遷移図で表すこととします．そのために問題を少し整理しましょう．ネズミがとれる行動は，電源ボタンを押すという行動と商品ボタンを押すという行動の2種類あります．何もしないという行動はここでは考えません．次に，自販機の状態は電源がONとOFFの2種類です．

これを状態遷移図で表すと**図 3.1** となります．状態遷移図では状態を丸で表し，行動による遷移を矢印で表します．例えば，電源OFFの「状態」のときに電源ボタンを押す「行動」をすると電源ONの「状態」に遷移することがわかります．

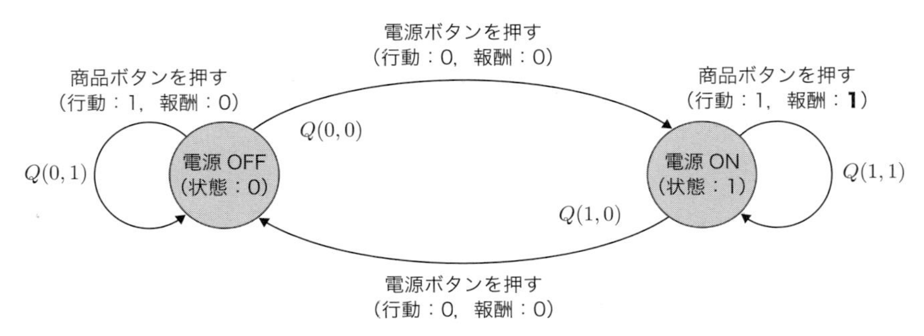

図 3.1 ネズミ学習問題の状態遷移図

3.4 Qラーニングの問題への適用

できるようになること 簡単なQラーニングを手計算で扱う

図3.1の状態遷移図を用いて，ネズミ学習問題をQラーニングの問題に当てはめてみます．Qラーニングでは「状態」「行動」「報酬」「Q値」という4つのキーワードが重要であることを述べました．それぞれについてネズミ学習問題に合わせながら，状態と行動がどういうものかを説明し，そしてそれを数字で表す方法について示します．その後で，報酬とQ値について説明をします．

3.4.1 状態

ネズミ学習問題では図3.1の状態遷移図の丸で表したように状態が2つあります．ここでは電源がOFFの状態（左）を0として番号で表します．このとき$s_t = 0$となります．ここで，sの添字のtは時刻を表すものですが，とりあえず気にせずに話を進めます．一方，電源がONの状態（右）の場合は状態を1とします．このときは$s_t = 1$となります．

3.4.2 行動

行動も電源ボタンを押す行動と商品ボタンを押す行動の2つあります．電源ボタンを押す行動を0として番号で表し，$a = 0$とします．一方，商品ボタンを押す行動を$a = 1$として表します．

3.4.3 報酬

報酬は，図3.1に示したように，電源がONの状態で商品ボタンを押す行動をしたときのみ得られるようにしています．報酬が得られた場合は式(3.1)の$r = 1$とします．それ以外は$r = 0$として報酬を与えません．この報酬の部分が半教師あり学習と呼ばれる理由となっています．

報酬が得られたという情報がQ値に書き込まれ，それを繰り返すことで，電源がOFFの状態の場合に電源ボタンを押すように学習します．もしこれが教師あり学習であれば，電源をONにするという行動にも報酬を与えなければなりません．この，望ましい行動にのみ報酬を与えればよい点がQラーニングの優れているところとなります．

3.4.4 Q値

Q値（$Q(s_t, a)$）は状態s_tにおいてaという行動をとる値であり，その行動の選びやすさを示します．ネズミ学習問題に当てはめるとイメージがわきやすくなります．状態は2つ，行動は2つしかないので，Q値は4つとなります．4つ程度ならすべての意味を説明できます．

- $Q(0,0)$：状態$s_t = 0$（電源**OFF**）のときに行動$a = 0$（**電源**ボタンを押す）
- $Q(0,1)$：状態$s_t = 0$（電源**OFF**）のときに行動$a = 1$（**商品**ボタンを押す）
- $Q(1,0)$：状態$s_t = 1$（電源**ON**）のときに行動$a = 0$（**電源**ボタンを押す）
- $Q(1,1)$：状態$s_t = 1$（電源**ON**）のときに行動$a = 1$（**商品**ボタンを押す）

ここまでで状態，行動，報酬，Q値の意味がつかめてきたと思います．ここからはQ値の更新について説明していきます．

初期状態として，**表3.2**のようにすべてのQ値が0の場合を考えます．

表3.2 1回目の行動をとったときのQ値の更新

Q値$Q(s_t, a)$	更新前の値	状態0で行動0をとったときの更新値
$Q(0,0)$	0	0
$Q(0,1)$	0	0
$Q(1,0)$	0	0
$Q(1,1)$	0	0

前述のようにQ値とはその行動の選びやすさを示す値であり，多くの場合，Q値が最も高い行動をネズミは選択します．なお，同じQ値が複数ある場合はランダムに選ばれます．

ここで，状態0（電源OFF）のときに行動0（電源ボタンを押す）をとったときのQ値の変遷について考えます．なお，式(3.1)中のαとγはとりあえずそれぞれ0.5と0.9とします．

これらの値を式(3.1)に代入すると次式(3.2)のようになります．図3.1を見ると，電源OFFの状態で行動0を行っても報酬はないものとしていますので，$r = 0$となります．また，$Q(0,0)$のQ値は0となっています．

$$Q(0,0) \leftarrow (1-0.5)Q(0,0) + 0.5 \times (0 + 0.9 \max Q) \tag{3.2}$$

そうすると残りのわからない値は$\max Q$だけとなります．$\max Q$とは行動によって遷移した先の状態で最も大きなQ値という意味です．この例では，行動0（電源ボタンを押す）を起こしたので，遷移先は状態1（電源ON）になります．つまり状態1の中で最も大きなQ値を探すこととなりますが，表3.2に示した通り$Q(1,0)$，$Q(1,1)$はともに0なので，ここでの$\max Q$は0となります．

これらの値を代入すると式(3.3)となり，結果として$Q(0,0)$は変更なしとなります．

$$Q(0,0) \leftarrow (1-0.5)\times 0+0.5\times(0+0.9\times 0)=0 \tag{3.3}$$

次に，状態1（電源ON）のときに行動1（商品スイッチを押した）をとったとします．その場合は，図3.1に示したように報酬が得られますので，$r=1$となります．そして，状態は変わらないので，次の状態も1となります．$\max Q$は次の状態になったときに最も大きなQ値ですが，$Q(1,0)$，$Q(1,1)$ともに0なので，ここでも$\max Q$は0となります．

これらを含めて計算すると式(3.4)のようになり，Q値は0.5となります．

$$Q(1,1) \leftarrow (1-0.5)\times 0+0.5\times(1+0.9\times 0)=0.5 \tag{3.4}$$

これにより**表3.3**に示すようにQ値が変化します．

表3.3 2回目の行動をとったときのQ値の更新

Q値$Q(s_t,a)$	更新前の値	状態1で行動1をとったときの更新値
$Q(0,0)$	0	0
$Q(0,1)$	0	0
$Q(1,0)$	0	0
$Q(1,1)$	0	0.5

問題設定によっては状態1のまま続けることもできますが，今回の説明では，報酬が得られた後は初期状態に戻るものとしましょう．初期状態とは電源がOFFの状態です．ただし，次の3.5節に示すプログラムskinner.pyでは，この説明のように報酬を得たらすぐに初期状態に戻すのではなく，5回ボタンを押したら初期状態に戻るようにしています．

先ほどと同様に状態0（電源OFF）のときに行動0（電源ボタンを押す）をとっ

たときのQ値の変遷について考えます．先ほどと異なるのは$Q(1,1)$が0ではなくなった点です．$\max Q$は$Q(1,0)$と$Q(1,1)$の大きいほうの値となりますので，0.5となります．

このことから計算すると式(3.5)となります．

$$Q(0,0) \leftarrow (1-0.5)\times 0 + 0.5 \times (0 + 0.9 \times 0.5) = 0.225 \tag{3.5}$$

その結果，Q値は**表 3.4** のようになります．

表 3.4 3回目の行動をとったときのQ値の更新

Q値$Q(s_t, a)$	**更新前の値**	**状態0で行動0をとったときの更新値**
$Q(0,0)$	0	0.225
$Q(0,1)$	0	0
$Q(1,0)$	0	0
$Q(1,1)$	0.5	0.5

まだまだ学習を続けることはできますし，ネズミが餌をもらったわけではないのであまり切りがよくありませんが，とりあえずここで学習を終わりにします．このときのQ値を**表 3.5** に示します．

表 3.5 学習終了時のQ値

Q値$Q(s_t, a)$	**値**
$Q(0,0)$	0.225
$Q(0,1)$	0
$Q(1,0)$	0
$Q(1,1)$	0.5

それではネズミがどのように動作するのか確かめてみます．

まず，ネズミは状態$s_t = 0$にいます．このとき，$Q(0,0)$と$Q(0,1)$のQ値の大きいほうの行動をとります．表3.5を見ると行動$a=0$のほうがQ値が大きいため，行動0（電源ボタンを押す）を行います．そして，状態1に遷移した後は，$Q(1,0)$と$Q(1,1)$のQ値の大きいほうの行動をとりますので，行動1（商品ボタンを押す）を行います．ネズミは迷うことなく電源をONにして，商品ボタンを取り出すという行動を獲得することとなりました．

Qラーニングではもう1つ重要な動作があります．それは，ランダムに行動することです．先ほどの行動で，電源ボタンを押してから商品ボタンを押す行動を獲得しましたが，これをある確率で，ランダムに動作させる必要があります．例えば，電源がOFFになっているにもかかわらず，商品ボタンを押す行動です．このようにランダムに動作させるためにε-greedy法がよく用いられます．そして，これはQラーニングだけでなく，深層強化学習でも設定する必要があります．ランダムに行動することで，これまで見つけた動作よりももっと効率のよい動作を偶然に見つけることができるため，重要な動作となっています．

3.5 Pythonで学習

できるようになること　簡単なQラーニングをPythonで解く

使用プログラム　skinner.py

本節ではネズミ学習問題をPythonによるプログラムで実現します．簡単なプログラムを作ることで，Qラーニングの仕組みを説明します．そして，これを応用して以降のプログラムを作っていきます．

3.5.1 プログラムの実行

プログラムの説明はこの後で行いますが，まずは実行してみましょう．skinner.pyがあるディレクトリで次のコマンドを実行することで学習できます．なお，3.4節の例では報酬が得られたらすぐに電源をOFFにして初期状態に戻しましたが，今回のプログラムでは，5回行動したら電源をOFFにすることで初期状態に戻しています．

- Windows（Python2系，3系），Linux，Mac，RasPi（Python2系）の場合：

```
$ python skinner.py
```

- Linux，Mac，RasPi（Python3系）の場合：

```
$ python3 skinner.py
```

実行後は**ターミナル出力3.1**のように表示されます．

ターミナル出力 3.1 skinner.py の実行結果

```
0 0 0
1 0 0
0 1 0
0 1 0
0 1 0
episode : 1 total reward 0
[[0. 0.]
 [0. 0.]]
0 0 0
1 0 0
0 0 0
1 1 1
1 0 0
episode : 2 total reward 1
[[0.  0. ]
 [0.  0.5]]
0 0 0
1 1 1
1 1 1
1 1 1
1 1 1
episode : 3 total reward 4
[[0.225      0.        ]
 [0.         2.26219063]]
 (以下続く)
```

0もしくは1が3つ並んでいて，それが5行連続で書かれている行の数字は左が状態，中央が行動，右が報酬を表し，5回の行動をとった履歴を表しています．そして，episodeの後ろは5回の行動を1エピソードとしたときのエピソードの回数，rewardの後ろは5回の行動で得た合計の報酬を表しています．報酬は餌を1回もらうごとに1だけ得られることとしています．なお，5回行動したときの最大報酬は最初の行動で電源ボタンを押す必要があるため，4です．また，$\alpha = 0.5$，$\gamma = 0.9$としています．

episodeとrewardの行に続く2行2列の行列が各エピソード終了時のQ値を示していて，次の順に並んでいます．

```
[[Q(0,0), Q(0,1)]
 [Q(1,0), Q(1,1)]]
```

ターミナル出力3.1を見ると，1回目のエピソードでは次の行動をしたので，報酬が得られませんでした．そのため，Q値が0のままでした．

- 1回目の行動：電源OFFで電源ボタンを押す
- 2回目の行動：電源ONで電源ボタンを押す
- 3回目の行動：電源OFFで商品ボタンを押す
- 4回目の行動：電源OFFで商品ボタンを押す
- 5回目の行動：電源OFFで商品ボタンを押す

2回目のエピソードでは，4回目の行動で報酬を得ています．4回目の行動では次の式に従い$Q(1,1)$が0.5となります．

$$(1-0.5)\times 0+0.5\times(1+0.9\times 0)=0.5$$

3回目のエピソードでは，1回目の行動で偶然電源ボタンを押したため，Q値が更新され，2回目以降の行動ではすべて商品ボタンを押すことで報酬を得ています．

これを式に表すと，1回目の行動では$Q(0,0)$が次のように更新されます．

$$(1-0.5)\times 0+0.5\times(0+0.9\times 0.5)=0.225$$

2回目の行動では$Q(1,1)$が次のように更新されます．

$$(1-0.5)\times 0.5+0.5\times(1+0.9\times 0.5)=0.975$$

同様に3，4，5回目の行動では$Q(1,1)$が次のように更新されていきます．

$$(1-0.5)\times 0.975+0.5\times(1+0.9\times 0.975)=1.42625$$

$$(1-0.5)\times 1.42625+0.5\times(1+0.9\times 1.42625)=1.8549375$$

$$(1-0.5)\times 1.8549375+0.5\times(1+0.9\times 1.8549375)=2.262190625$$

3.5.2 プログラムの説明

それでは，プログラムの説明を行っていきます．プログラムを**リスト 3.1** に示します．

リスト 3.1 ネズミ学習問題のQラーニング：skinner.py

```
 1 # coding:utf-8
 2 import numpy as np
 3 
 4 def random_action():
 5     return np.random.choice([0, 1])
 6 
 7 def get_action(next_state, episode):
 8     epsilon = 0.5 * (1 / (episode + 1)) # 徐々に最適行動のみをとる，ε-greedy
   法
 9     if epsilon <= np.random.uniform(0, 1):
10         a = np.where(q_table[next_state]==q_table[next_state].max())[0]
11         next_action = np.random.choice(a)
12     else:
13         next_action = random_action()
14     return next_action
15 
16 def step(state, action):
17     reward = 0
18     if state==0:
19         if action==0:
20             state = 1
21         else:
22             state = 0
23     else:
24         if action==0:
25             state = 0
26         else:
27             state = 1
28             reward = 1
29     return state, reward
30 
31 def update_Qtable(q_table, state, action, reward, next_state):
32     gamma = 0.9
33     alpha = 0.5
34     next_maxQ=max(q_table[next_state])
```

```
35        q_table[state, action] = (1 - alpha) * q_table[state, action] +\
36                alpha * (reward + gamma * next_maxQ)
37
38        return q_table
39
40    max_number_of_steps = 5 # 1試行のstep数
41    num_episodes = 10        # 総試行回数
42    q_table = np.zeros((2, 2))
43
44    for episode in range(num_episodes):  # 試行数分繰り返す
45        state = 0
46        episode_reward = 0
47
48        for t in range(max_number_of_steps):    # 1試行のループ
49            action = get_action(state, episode) # a_{t+1}
50            next_state, reward = step(state, action)
51            print(state, action, reward)
52            episode_reward += reward  # 報酬を追加
53            q_table = update_Qtable(q_table, state, action, reward, next_state)
54            state = next_state
55
56        print('episode : %d total reward %d' %(episode+1, episode_reward))
57        print(q_table)
```

プログラムのフローチャートは**図 3.2** のようになっています.

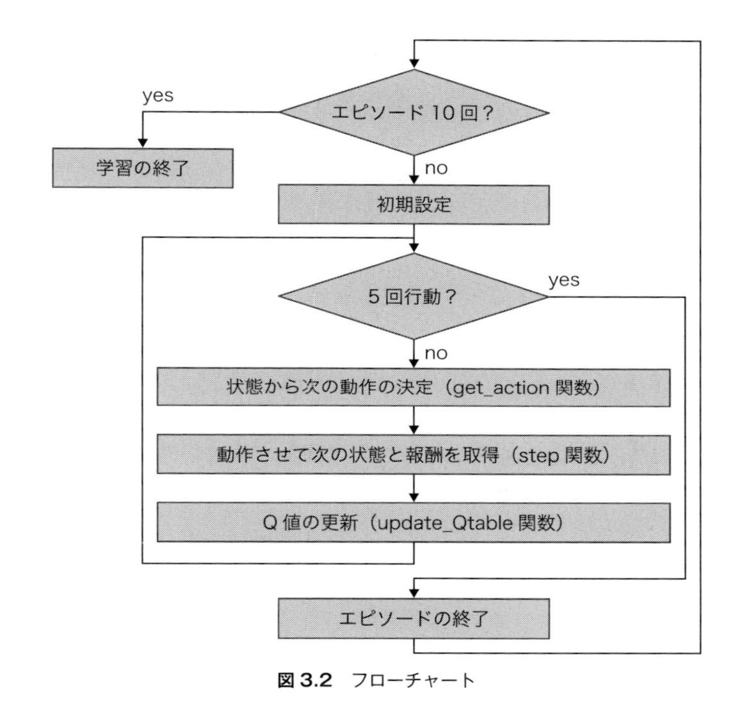

図3.2 フローチャート

まず，初期設定で初期状態を決めます．次に，現在の状態から行動を決めます（get_action関数）．その後，行動（step関数）により状態を変化させます．そして，行動を起こす前の状態，起こした後の状態，行動と報酬からQ値を更新します（update_Qtable関数）．これを5回繰り返したら1エピソードが終了となります．

ここで重要となる関数が4つあります．このうち3つはフローチャートにある関数で，残りの1つはランダムに行動するための関数です．Qラーニングを実装するときに重要ですので，それぞれについて説明します．

1. get_action関数

get_action関数は次に行う動作を決めています．基本的にはQ値の高い行動を選択します．しかし，いつも同じ行動を選択するともっとよい行動を探索しなくなってしまいます．そのため，ランダムに行動を決める仕組みが必要になります．ここではその仕組みとして，ε-greedy法を採用しています．

まず，ε-greedy法に使うepsilonを0.5 * (1 / (episode + 1))で計算します．最初はepisode変数が0なので，epsilonは0.5です．エピソードが進むにつれて

episode 変数は大きくなるため，epsilon は小さくなります．この epsilon を使って次第にランダムな行動が起きにくくなるような計算をしています．

これには np.random.uniform(0, 1) とすることで 0〜1 までの乱数を発生させ，その乱数が epsilon 以上なら Q 値の最も大きい動作を採用するように行動を決めます．なお，同じ Q 値の行動がある場合はその中でランダムに決まるようにしています．逆に，乱数が epsilon より小さければ，選択できる動作すべてからランダムに次の行動を選ぶようにしています．つまり，epsilon が 0.5 であれば，50% の確率で Q 値に従った行動をとり，50% の確率でランダムな行動をとります．

2. step 関数

この関数で現在の状態と行動により次の状態を決め，報酬を得ています．ここでは図 3.1 の状態と行動の関係を if 文で条件分けして決めています．

3. update_Qtable 関数

Q 値を更新しています．更新の方法は式（3.1）と同じです．

4. random_action 関数

ネズミの行動は 0 もしくは 1 なので，ランダムに行動させるための関数は 0 もしくは 1 の値を返す関数となります．たったこれだけですが，これは深層強化学習でも設定する必要がある関数となります．

3.6 OpenAI Gym による倒立振子

できるようになること 少し複雑な Q ラーニングを Python で解く

使用プログラム cartpole.py

倒立振子とは第 1 章の図 1.2 に示した「ほうき」を逆さまにして手に立たせてバランスをとるような動作を，機械にやらせるものです．

機械にやらせるため，**図 3.3** に示すように台車の上で自由に回転できるように棒を取り付け，台車を前後させることで台車に設置された棒のバランスを保って立たせるようにします．この図では棒が左に傾いていますので，立たせるためには下の台車を左に加速する必要があります．倒立振子は運動方程式を解くことで実際の動作をかなり正確にシミュレーションできます．

図 3.3 倒立振子の概念図

ここでは OpenAI Gym の台車と棒が動く部分だけを使って学習します．このライブラリを使うと簡単に**図 3.4** のような倒立振子を表示させることができます．第 1 章の ChainerRL のインストールを行うと OpenAI Gym を実行する環境も同時にインストールされます．

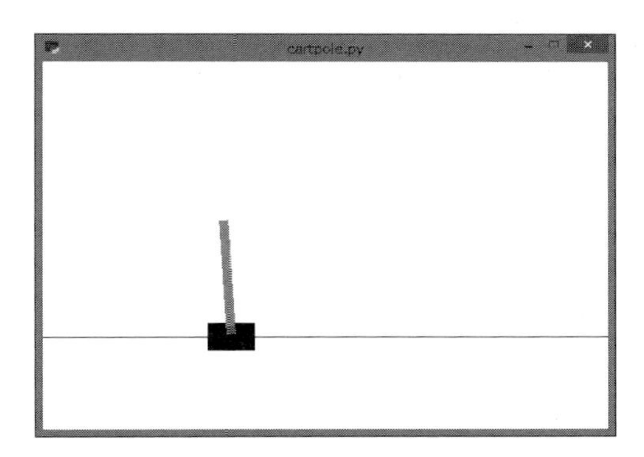

図 3.4 OpenAI Gym の倒立振子

3.6.1 プログラムの実行

プログラムの説明はこの後で行いますが，まずは実行してみましょう．cartpole.py があるディレクトリで，次のコマンドを実行します．

- Windows（Python2 系，3 系），Linux，Mac，RasPi（Python2 系）の場合：

```
$ python cartpole.py
```

- Linux，Mac，RasPi（Python3 系）の場合：

```
$ python3 cartpole.py
```

10エピソードごとに図3.4に示す倒立振子のシミュレーション動画が表示されます．そして，rewardが200になったときが成功です．**ターミナル出力3.2**のような表示がなされます．最初は−100より小さい値ですが，徐々に200が出てきて，500エピソードになるころにはほぼ200が連続します．

ターミナル出力3.2 cartpole.pyの実行結果

```
episode : 0 R : -184.0
episode : 1 R : -183.0
episode : 2 R : -175.0
（中略）
episode : 100 R : 200.0
episode : 101 R : -28.0
episode : 102 R : 200.0
（中略）
episode : 500 R : 200.0
episode : 501 R : 200.0
episode : 502 R : 200.0
```

3.6.2 プログラムの説明

以降では，プログラムの説明を行います．プログラムを**リスト3.2**に示します．

リスト3.2 倒立振子：cartpole.py

```
 1  # coding:utf-8
 2  import gym
 3  import numpy as np
 4  import time
 5
 6  def digitize_state(observation):
 7      p, v, a, w = observation
 8      d = num_digitized
 9      pn = np.digitize(p, np.linspace(-2.4, 2.4, d+1)[1:-1])
10      vn = np.digitize(v, np.linspace(-3.0, 3.0, d+1)[1:-1])
11      an = np.digitize(a, np.linspace(-0.5, 0.5, d+1)[1:-1])
12      wn = np.digitize(w, np.linspace(-2.0, 2.0, d+1)[1:-1])
13      return pn + vn*d + an*d**2 + wn*d**3
14
15  def get_action(next_state, episode):
16      epsilon = 0.5 * (1 / (episode + 1))
```

```
17      if epsilon <= np.random.uniform(0, 1):
18          a = np.where(q_table[next_state]==q_table[next_state].max())[0]
19          next_action = np.random.choice(a)
20      else:
21          next_action = np.random.choice([0, 1])
22      return next_action
23
24  def update_Qtable(q_table, state, action, reward, next_state):
25      gamma = 0.99
26      alpha = 0.5
27      next_maxQ=max(q_table[next_state])
28      q_table[state, action] = (1 - alpha) * q_table[state, action] +\
29              alpha * (reward + gamma * next_maxQ)
30      return q_table
31
32  env = gym.make('CartPole-v0')
33  max_number_of_steps = 200  # 1試行のstep数
34  num_episodes = 1000        # 総試行回数
35  num_digitized = 6          # 分割数
36  q_table = np.random.uniform(low=-1, high=1, size=(num_digitized**4, env.
    action_space.n))
37  #q_table = np.loadtxt('Qvalue.txt')
38
39  for episode in range(num_episodes):  # 試行数分繰り返す
40      # 環境の初期化
41      observation = env.reset()
42      state = digitize_state(observation)
43      action = np.argmax(q_table[state])
44      episode_reward = 0
45
46      for t in range(max_number_of_steps):  # 1試行のループ
47          if episode %10 == 0:
48              env.render()
49          observation, reward, done, info = env.step(action)
50          if done and t < max_number_of_steps-1:
51              reward -= max_number_of_steps  # 棒が倒れたら罰則
52          episode_reward += reward  # 報酬を追加
53          next_state = digitize_state(observation) # t+1での観測状態を, 離散値に
    変換
54          q_table = update_Qtable(q_table, state, action, reward, next_state)
55          action = get_action(next_state, episode) # a_{t+1}
```

3
強化学習

```
56            state = next_state
57            if done:
58                break
59        print('episode:', episode, 'R:', episode_reward)
60    np.savetxt('Qvalue.txt', q_table)
```

Qラーニングでは状態と行動が重要です．倒立振子のプログラムでは，台車に右または左方向へある決まった力を与えることが2つの行動となります．この行動をしたときの台車と棒の動きはOpenAI Gymの倒立振子のプログラムの中に書かれています．なお，ここではOpenAI Gymの中にある倒立振子のプログラムの説明は行いません．OpenAI Gymの中のプログラムを書き換える方法の説明は第4章で行います．

状態については，台車の位置と速度，棒の角度と角速度に動作の制限を与え，それを6分割してどこに入っているかによって決めています．例えば，台車の位置と棒の角度の分割のイメージは**図3.5**のようになっています．この図の場合，台車は4番の位置，棒は3番の角度となります．

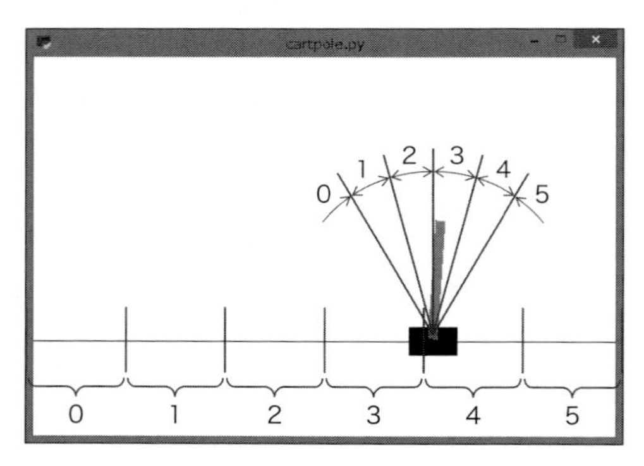

図3.5 倒立振子の領域分け

プログラムのフローチャートを**図3.6**に示します．図3.2とほぼ同様です．まず，gymの初期化を行い，初期状態と初期行動を決めます．次に，いまの状態から行動を決めます（get_action関数）．その後，その行動に従って状態を変化させます（env.stepメソッド）．そのときに，次の状態と報酬が決まります．そして，行動を起こす前の状態，起こした後の状態，行動と報酬からQ値を更新します（update_Qtable関数）．

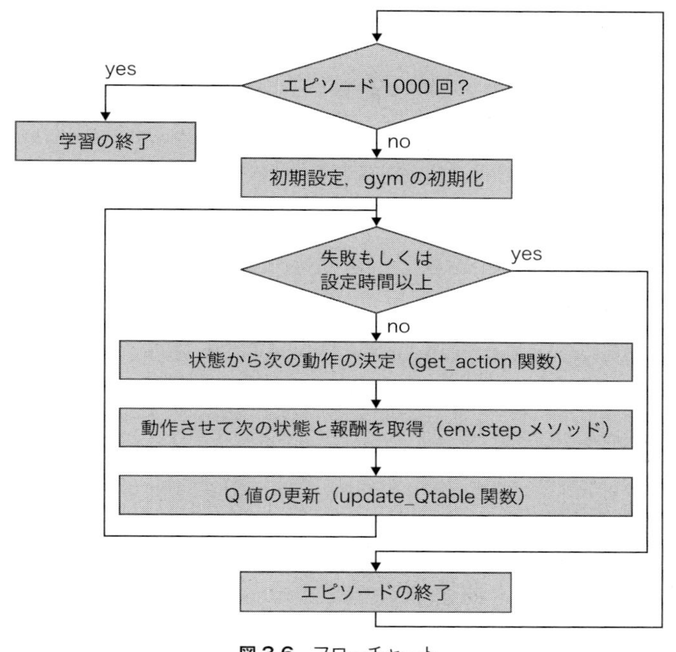

図 3.6 フローチャート

ここで重要となる関数・メソッドが5つあります．OpenAI Gym を使ったQラーニングを実装する上で重要ですので，それぞれについて説明します．このうち3つはフローチャートにある関数・メソッド，ほかの1つはランダムに行動するための関数で，残りの1つは連続的な状態から図3.5に示すように領域を区切って状態を0から5までの値にするための関数です．そのほかに，OpenAI Gym を使うときに必要となる関数についても説明します．問題は異なりますが，ネズミ学習問題と同じ部分が多くあることがわかると思います．

1. get_action 関数

ネズミ学習問題と同じです．

2. env.step メソッド

ネズミ学習問題のときには自分で作ったstep関数を実行しましたが，今回利用しているenv.stepメソッドはOpenAI Gymで用意されている関数で，その戻り値は次の4つとなっています．

- observation：倒立振子の状態（台車の位置，台車の速度，棒の角度，棒の角速度）
- reward　　　：決められた角度の範囲に棒があれば1，そうでなければ0
- done　　　　：台車の位置が決められた範囲を超えた，もしくは棒が決められた角度を超えた場合 false，そうでなければ true
- info　　　　：デバッグ用の情報（ここでは不使用）

このdoneを調べて，失敗したらシミュレーションを終了し，初期状態から始めています．

3. update_Qtable 関数

ネズミ学習問題と同じです．

4. random_action 関数

ネズミ学習問題と同じです．

5. digitize_state 関数

倒立振子は連続状態で計算されますので，それをある領域に区切って離散化しています．例えば，この関数内の変数pは台車の位置ですが，–2.4から2.4までの範囲を6等分してどの領域に含まれるか図3.5に示したようにして調べて，番号を返しています．台車の速度v，棒の角度a，棒の角速度wについても同様に離散化し，各状態が同じ値とならないように次の式に従って番号を付けています．

$$w \times 6^3 + a \times 6^2 + v \times 6 + p$$

たとえば図3.5の場合は$p = 4$, $a = 3$です．$v = 1$, $w = 2$であった場合，次のように状態の番号が計算されます．

$$2 \times 6^3 + 3 \times 6^2 + 1 \times 6 + 4 = 550$$

6. OpenAI Gym に必要なそのほかの関数

OpenAI Gymの初期化は次によって行っています．

```
32 env = gym.make('CartPole-v0')
```

そして，シミュレーション画像は次で表示させています．

```
48 env.render()
```

3.7 Q値の保存と読み込み方法

できるようになること 学習済みQ値を用いてシミュレーションを再開する

使用プログラム cartpole_restart.py，cartpole_test.py

学習後のQ値を使って倒立振子を動かす方法を示します．まず，リスト3.2で，Q値の保存は最終行で行っています．保存するファイルの形式はtxtです．

```
60 np.savetxt('Qvalue.txt', q_table)
```

実行が終わるとQ値を保存したファイル（Qvalue.txt）が生成されます．そのファイルを開くと1行に2つずつ数が書かれたものが1296行あることを確認できます．この1296（$=6^4$）は状態の数です．そして2つの数は右に動くか左に動くかのQ値となっています．

次に，このQ値が書かれたファイルを読み込みます．これには次のようにコメントアウトを変更することで実現できます（cartpole_test.py）．

```
36 #q_table = np.random.uniform(low=-1, high=1, size=(num_digitized**4, env.
   action_space.n))
37 q_table = np.loadtxt('Qvalue.txt')
```

学習したQ値を使って学習が始まるので，初めからうまく動きます．なお，ε-greedy法によるランダム動作をそのまま利用すると epsilon が0.5に戻ってしまうので，厳密に学習を再開させる場合はリスト3.2の16行目の計算式を調節する必要があります．

例えばリスト3.2の例だと，1000エピソード後のQ値が保存されていますので，読み込んだ後は次のように1000を足しておくとε-greedy法によるランダム動作も1000エピソード後の値を用いて再開できます（cartpole_restart.py）．

```
16  epsilon = 0.5 * (1 / (episode+1000 + 1))
```

また，学習せずに動作のみを確認する場合は上記のQ値の読み込みのほかに，53行目のupdate_Qtable関数をコメントアウトしてQ値の更新をしないようにします．そしてさらに，ランダム動作を起こさないように16行目のepsilon変数を0にします．

第4章 深層強化学習

4.1 深層強化学習とは

本章では，いよいよ深層強化学習を取り上げます．深層強化学習は，深層学習（第2章）と強化学習（第3章）を組み合わせたものです．よく利用されるのは強化学習の1種であるQラーニングに深層学習を用いたもので，本書でも主にこのQラーニングと深層学習の組合せを説明します．

深層学習はディープラーニングとも呼ばれ，ディープラーニングはニューラルネットワークを深くしたものです．それにQラーニングを組み合わせたものなのでディープQネットワークと呼ばれ，これを略してDQN（Deep Q-Network）と表されることがよくあります．本書ではこのように，Qラーニングに深層学習の考え方を取り入れたディープQネットワークについて説明します．

深層学習とQラーニングのイメージをつかめていれば，ディープQネットワークの原理はさほど難しくありません．Qラーニングと深層強化学習の概念を**図4.1**と**図4.2**に示します．

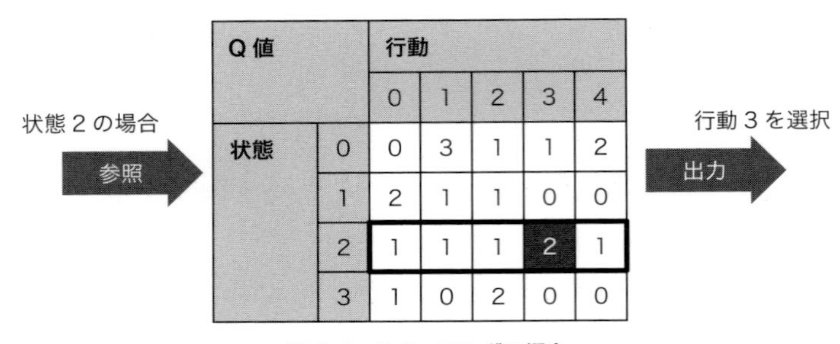

Q 値		行動				
		0	1	2	3	4
状態	0	0	3	1	1	2
	1	2	1	1	0	0
	2	1	1	1	2	1
	3	1	0	2	0	0

図 4.1　Q ラーニングの概念

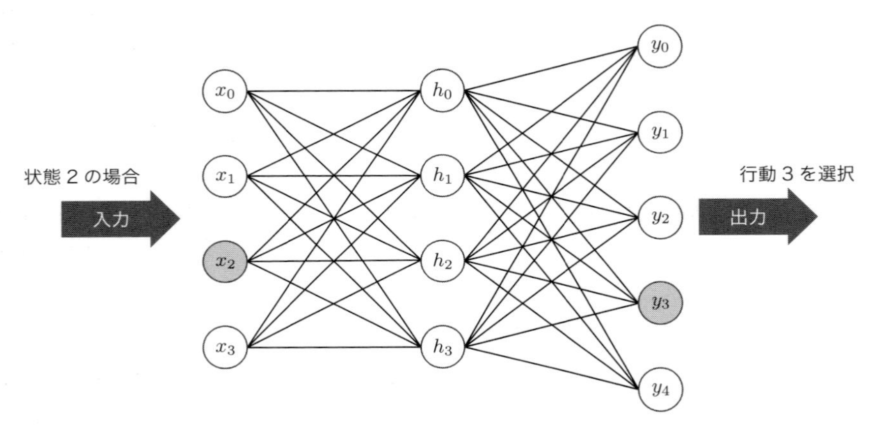

図 4.2　ディープ Q ネットワークの概念

Q ラーニングでは図 4.1 に示すように，状態に対する Q 値が書かれた表があり，その状態の中で最も Q 値の高い行動を選択することを行っていました．例えば図 4.1 では，状態 2 のとき，行動 3 の Q 値は 2，それ以外の行動の Q 値は 1 となっていますので，Q 値が最も大きい行動 3 を選択するという具合です．そして，この Q 値の表を学習により更新していくというものでした．

これに対して，ディープ Q ネットワークは図 4.2 に示すように状態に対して行動をニューラルネットワークで決めるというものになります．例えば図 4.2 では，状態 2 を入力するとニューラルネットワークの答えとして行動 3 が出力されるという具合です．つまりディープ Q ネットワークは，Q ラーニングの Q 値のテーブルをニューラルネットワークで構築しようというものになります．

例えば，ネズミ学習問題では**表 4.1** の関係性をニューラルネットワークで実現するだけになります．この表では x が状態，y が次の行動を表しています．このように「入出力関係が明確であれば」，とても簡単に実現できてしまいます．

表 4.1 ネズミ学習問題の入出力関係

状態 x	次の行動 y
0	0
1	1

この問題を深層強化学習で学習するときの難しさは，「入出力関係が明確でない」ところにあります．例えば，状態 0（電源 OFF）の状態では電源ボタンを押せばよいのか商品ボタンを押せばよいのかは押してもわからず，その後，電源が ON になった状態で商品ボタンが押されるとやっと報酬がもらえるためです．しかしながら，このように入出力関係を明確に与えずに報酬を与える方法により，機械が試行錯誤しながらよりよい行動を自ら獲得するようになります．

以降では深層強化学習の説明に入りますが，深層強化学習では，うまく学習ができなかったり，学習を実行するたびに異なる挙動のエージェントが学習されたりと学習が安定しないことがあります．その場合には，ネットワーク構造や学習パラメータの設定を試行錯誤して試してみてください．

また，ChainerRL の公式の例も https://github.com/chainer/chainerrl/tree/master/examples のページで公開されていますので，プログラミングの参考になります．

それでは，深層強化学習を学んでいきましょう．

4.2 ネズミ学習問題への適用

できるようになること 簡単な問題をディープ Q ネットワークで解く

使用プログラム skinner_DQN.py

第 3 章では強化学習を使ってネズミ学習問題を学習する方法を説明しました．本節では，同じ問題を深層強化学習で実現します．

簡単なプログラムを作ることで，深層強化学習の仕組みを説明します．以降では，これを応用していろいろなプログラムを作っていきますので，しっかり理解しておくことは重要です．

Q ラーニングとディープ Q ネットワークの大きな違いは，Q ラーニングには Q

値を更新する式がありましたが，ディープQネットワークにはそれがないという点です．Q値を人間が作るのではなく，ニューラルネットワークで自動的に学習しようという点が異なります．

4.2.1 プログラムの実行

説明はこの後で行いますが，まずは実行してみましょう．skinner_DQN.pyがあるディレクトリで次のコマンドを実行します．

- Windows（Python2系，3系），Linux，Mac，RasPi（Python2系）の場合：

```
$ python skinner_DQN.py
```

- Linux，Mac，RasPi（Python3系）の場合：

```
$ python3 skinner_DQN.py
```

実行後は**ターミナル出力4.1**のような表示がなされます．これはQラーニングのときと同様に，5行連続で書かれている行の数字は左が状態，中央が行動，右が報酬を表し，5回の行動をとった履歴を表しています．そして，episodeの後ろはエピソードの回数，rewardの後ろは5回の行動で得た合計の報酬を表しています．なお，5回行動したときの最大報酬は最初の行動で電源ボタンを押す必要があるため，4です．

ターミナル出力4.1 skinner_DQN.pyの実行結果

```
[0] 0 0
[1] 0 0
[0] 0 0
[1] 1 1
[1] 0 0
episode : 1 total reward 1
[0] 0 0
[1] 1 1
[1] 1 1
[1] 0 0
[0] 0 0
episode : 2 total reward 2
[0] 1 0
```

```
[0] 0 0
[1] 1 1
[1] 1 1
[1] 1 1
episode : 3 total reward 3
[0] 0 0
[1] 1 1
[1] 1 1
[1] 1 1
[1] 0 0
episode : 4 total reward 3
[0] 0 0
[1] 1 1
[1] 1 1
[1] 1 1
[1] 1 1
episode : 5 total reward 4
 (以下続く)
```


1回目のエピソードでは次の行動をしたため，報酬が1回しか得られませんでした．

- 1回目の行動：電源 OFF で電源ボタンを押す
- 2回目の行動：電源 ON で電源ボタンを押す
- 3回目の行動：電源 OFF で電源ボタンを押す
- 4回目の行動：電源 ON で商品ボタンを押す（報酬）
- 5回目の行動：電源 OFF で電源ボタンを押す

2回目のエピソードでは2，3回目の行動で報酬を得ています．そして，5回目のエピソードでは1回目の行動で電源ボタンを押し，2回目以降の行動ではすべて商品ボタンを押すことで最大報酬を得ています．

ここでは5回のエピソードで最大報酬が得られましたが，初期値の違いにより必ずしも最大報酬が得られないことがあります．また，エピソードの回数を200にすると，途中（エピソードの回数が50回くらい）で最大報酬の4を得る行動をしていても，最終的に最大報酬を得られる行動が起きなくなることがあります．

これは，プログラムが間違っているのではありません．パラメータの調整によって，うまくいったりいかなかったりします．そして，その調整は何度も行いながら感覚的に身につける必要があります．これは深層強化学習の難しいところです．

4.2.2 プログラムの説明

プログラムのフローチャートは**図4.3**のようになっています．まず，初期設定で初期状態を決めます．次に，現在の状態から行動を決めます（agent.act_and_train メソッド）．これと同時にQ値に相当するニューラルネットワークの更新も行います（毎回更新するわけではなく，更新頻度はパラメータで設定します）．その後，行動（step 関数）により状態を変化させます．これを5回繰り返したら1エピソードが終了です．深層強化学習でも強化学習と同じようなことを行うため，第3章の強化学習のフローチャートに似ています．

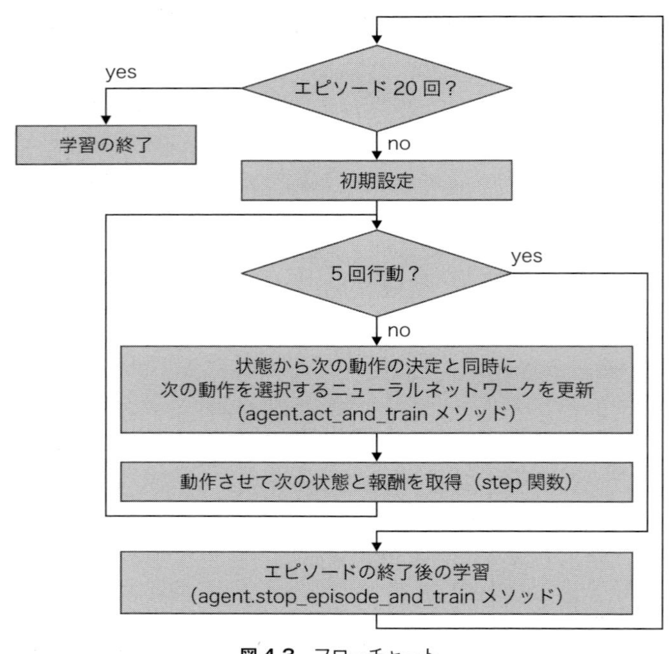

図4.3　フローチャート

では，プログラムの重要となる部分を順に説明していきます．プログラムは第3章の強化学習のリスト3.1（ネズミ学習問題をQラーニングで解いたプログラム）を基に，第2章の深層学習で説明したリスト2.1を合わせて作ります．**リスト4.1**に示します．

リスト4.1 ネズミ学習問題のディープQネットワーク版：skinner_DQN.py

```
# coding:utf-8
import numpy as np
import chainer
import chainer.functions as F
import chainer.links as L
import chainerrl

class QFunction(chainer.Chain):
    def __init__(self, obs_size, n_actions, n_hidden_channels=2):
        super(QFunction, self).__init__()
        with self.init_scope():
            self.l1=L.Linear(obs_size, n_hidden_channels)
            self.l2=L.Linear(n_hidden_channels, n_hidden_channels)
            self.l3=L.Linear(n_hidden_channels, n_actions)
    def __call__(self, x, test=False):
        h1 = F.tanh(self.l1(x))
        h2 = F.tanh(self.l2(h1))
        y = chainerrl.action_value.DiscreteActionValue(self.l3(h2))
        return y

def random_action():
    return np.random.choice([0, 1])

def step(state, action):
    reward = 0
    if state==0:
        if action==0:
            state = 1
        else:
            state = 0
    else:
        if action==0:
            state = 0
        else:
            state = 1
            reward = 1
    return np.array([state]), reward
```

```
38
39 gamma = 0.9
40 alpha = 0.5
41 max_number_of_steps = 5 # 1試行のstep数
42 num_episodes = 20       # 総試行回数
43
44 q_func = QFunction(1, 2)
45 optimizer = chainer.optimizers.Adam(eps=1e-2)
46 optimizer.setup(q_func)
47 explorer = chainerrl.explorers.LinearDecayEpsilonGreedy(start_epsilon=1.0,
   end_epsilon=0.1, decay_steps=num_episodes, random_action_func=random_action)
48 replay_buffer = chainerrl.replay_buffer.ReplayBuffer(capacity=10 ** 6)
49 phi = lambda x: x.astype(np.float32, copy=False)
50 agent = chainerrl.agents.DQN(
51     q_func, optimizer, replay_buffer, gamma, explorer,
52     replay_start_size=500, update_interval=1, target_update_interval=100,
   phi=phi)
53 #agent.load('agent')
54
55 for episode in range(num_episodes):  # 試行数分繰り返す
56     state = np.array([0])
57     R = 0
58     reward = 0
59     done = True
60
61     for t in range(max_number_of_steps):  # 1試行のループ
62         action = agent.act_and_train(state, reward)
63         next_state, reward = step(state, action)
64         print(state, action, reward)
65         R += reward  # 報酬を追加
66         state = next_state
67     agent.stop_episode_and_train(state, reward, done)
68
69     print('episode : %d total reward %d' %(episode+1, R))
70 agent.save('agent')
```

1. ライブラリのインポート

深層強化学習にはChainerRLを用います．そのため，深層学習でインポートしたChainerのライブラリのほかに6行目でChainerRLのライブラリをインポートします．

2. ニューラルネットワークの設定

深層強化学習では行動を得るために深層学習で使ったニューラルネットワークを使います．そこで，8～19 行目のように設定します．リンクの設定は第 2 章のリスト 2.1 と同じですがおさらいをしておきます．

12 行目では L.Linear の第 1 引数は入力ノード数，第 2 引数は中間層のノード数として，リンクを設定しています．そしてこれを l1（エル イチ）という名前に設定しています．

```
12  self.l1=L.Linear(obs_size, n_hidden_channels)
```

このプログラムでは中間層を 2 つ設定したので，リンクが 3 つ（入力層―中間層，中間層―中間層，中間層―出力層）になります．

15 行目からは，活性化関数の設定を行います．このプログラムでは活性化関数としてハイパボリックタンジェント（tanh）関数を使うこととします．筆者が何度か試した結果，ReLU 関数に比べて tanh 関数のほうが最大報酬を得やすかったため，ここでは tanh 関数を用いました．

そして，出力ノードの活性化関数が深層強化学習のポイントとなります．これには chainerrl.action_value.DiscreteActionValue メソッドという深層強化学習特有のメソッドを使って出力を作っています（18 行目）．深層強化学習ではニューラルネットワークの更新がとても難しいのですが，ChainerRL では，そのための関数が用意されているので簡単にプログラムできるようになっています．ここで示した関数も，プログラムを簡単にするための関数の 1 つです．

3. ランダム行動の関数

深層強化学習でもランダム行動の関数（21，22 行目）が必要となります．これは第 3 章のリスト 3.1 と同じです．

4. step 関数

深層強化学習でも行動によってどのような状態に遷移するのか，報酬は得られるのかなど，すべてをプログラムで記述する必要があります（24～37 行目）．この関数では現在の状態と行動により次の状態を決め，報酬を得ています．これは第 3 章のリスト 3.1 と同じです．

5. 変数の設定

深層強化学習でもQラーニングで使ったαとγを設定する必要があります．このプログラムでは39, 40行目で設定しています．また，41, 42行目で，1エピソードの試行回数と，シミュレーションで行うエピソード回数を設定しています．

6. 深層強化学習の設定

44〜53行目で深層強化学習の設定をしています．

まず，44行目ではQ値を求めるための入出力関係を設定しています．ネズミ学習問題における状態は電源のOFFとONの0と1なので，入力の数は1となります．一方，出力は電源ボタンを押す行動と，商品ボタンを押す行動の2種類となりますので，出力の数は2となります．入力となる状態が0, 1で，出力となる行動も0, 1なので数を間違えやすいですが，注意してください．

45行目では深層学習のときと同じように最適化関数を設定してオプティマイザを作成しています．そして，46行目で，作成したオプティマイザにQ関数を設定しています．深層学習のときはQ関数ではなくモデルを設定していましたが，設定の仕方は似ています．

47行目ではexplorerというものを登録しています．ここでは，chainerrl.explorers.LinearDecayEpsilonGreedyメソッドを設定しています．これはε-greedy法を用いて，εの値を減少させるメソッドです．なお，εは第3章でも示したようにランダムに行動する確率を表しています．

このメソッドの引数では，εの初期値をstart_epsilon，最終値をend_epsilonに設定し，最終値までのステップ数をdecay_stepsに設定します．そして，random_action_funcにランダムな行動をとるときの関数を登録します．なお，εの値を変更しないchainerrl.explorers.ConstantEpsilonGreedyメソッドもあります．

48行目はreplay_bufferを設定しています．これは，ディープQネットワークを実現する上で重要な手法の1つであるExperience Replay（経験再生）を行うための変数です．Experience Replayとは，エージェントがとった行動をバッファメモリに記録しておき，一定の間隔でそのメモリからランダムに行動を複数個（バッチサイズ分）選択して，それを基にミニバッチ学習でネットワークを学習するという手法です．なお，ミニバッチ学習とは，何回かの行動をとるごとに学習する方法で，毎回学習したりすべての行動をとった後に学習したりするよりも効率的に学習できるといわれています．そのため，このサイズを大きくしておくことが重要となります．ここでは，1000000（$= 10^6$）を設定しています．

49 行目では，変数の型の変換を行う無名関数を定義しています．Chainer の入力は float32 型でなければいけません．

ここまでに設定したものを 50 行目ですべて登録します．ここでは，chainerrl.agents.DQN メソッドを使っています．

なお，51 行目はエージェントモデル（深層学習のモデルに相当するもの）の読み込みを行う関数です．これについては次の 4.2.3 項「エージェントモデルの保存と読み込み方法」を参照してください．

7. 学習の繰り返し

ここまでの設定を基にして図 4.3 に示したフローチャートのように行動と学習を繰り返します（55〜69 行目）．

1. まず，初期の状態（state）と最初の報酬（reward）を決めます．
2. そして，agent.act_and_train メソッドに状態と報酬を入力し，行動を出力させます．これは内部に設定したニューラルネットワーク（深層学習の部分）によって求められます．
3. その状態と行動をセットにして，step 関数で次の状態に遷移させます．
4. 2 と 3 を max_number_of_steps で決められた回数だけ行います．
5. それが終わると agent.stop_episode_and_train メソッドで学習をいったん終了させます．

以上の試行を 1 エピソードとして，num_episodes で決められた回数だけ行います．

4.2.3 エージェントモデルの保存と読み込み方法

できるようになること 保存したエージェントモデルを用いて再開する

使用プログラム skinner_DQN_load.py

深層学習のモデルのように，深層強化学習でもエージェントモデルを読み込むことができます．これを使うと，のちほど出てくる対戦ゲームに使うこともできますし，学習を再開させることもできます．ここでは，リスト 4.1 に示したプログラムを再開する方法を説明します.

再開させるためにはリスト 4.1 の最後の行が重要な役割を果たします. これにより学習終了後 agent ディレクトリが生成され, 再開用のファイルが生成されます.

```
70 agent.save('agent')
```

次に, リスト 4.1 の 53 行目のコメントアウトを外します.

```
53 agent.load('agent')
```

これだけでエージェントモデルを読み込むことができ, 学習終了時のエージェントモデルを使って再度学習できます. ただし, ε-greedy 法のランダムに行動が選ばれる確率も最初の状態に戻っていますので, 注意が必要です. ε-greedy 法で使われる epsilon の調整方法は 3.7 節と同じです.

4.3 OpenAI Gym による倒立振子

できるようになること ネズミ学習問題より少し複雑な OpenAI Gym の倒立振子問題をディープ Q ネットワークで解く

使用プログラム cartpole_DQN.py

4.3.1 プログラムの実行

3.6 節では強化学習を用いて倒立振子の問題を扱いました. この節では同じ問題を扱い, 深層強化学習を使って学習します. 説明はこの後で行いますが, まずは実行してみましょう. cartpole_DQN.py があるディレクトリで次のコマンドを実行します.

- Windows (Python2 系, 3 系), Linux, Mac, RasPi (Python2 系) の場合：

```
$ python cartpole_DQN.py
```

- Linux, Mac, RasPi (Python3 系) の場合：

```
$ python3 cartpole_DQN.py
```

Q ラーニングのときと同じように，10 エピソードごとに第 3 章の図 3.4 に示した倒立振子のシミュレーション動画が表示されます．そして，**ターミナル出力 4.2** のような表示がなされます．R は報酬の合計を示していて，200 になったときが成功です．最初は 2 ケタですが，200 エピソードとなるころにはほぼ 200 が連続します．

ターミナル出力 4.2 cartpole_DQN.py の実行結果

```
CartPole-v0
[2018-02-20 20:58:39,823] Making new env: CartPole-v0
episode: 0 R: 13.0 statistics: [('average_q', 0.0006153653954513879), ('average_loss', 0)]
episode: 10 R: 11.0 statistics: [('average_q', 0.049691660819158025), ('average_loss', 0)]
episode: 20 R: 27.0 statistics: [('average_q', 0.444938493151129), ('average_loss', 0.10678043165697067)]
（中略）
episode: 200 R: 200.0 statistics: [('average_q', 74.48397978629524), ('average_loss', 0.682621671525948)]
episode: 210 R: 200.0 statistics: [('average_q', 78.95668099890189), ('average_loss', 0.48170505320477275)]
episode: 220 R: 200.0 statistics: [('average_q', 82.38687814701686), ('average_loss', 0.5543571239144669)]
```

average_q は最大の Q 値を行動数で平均したもの，average_loss はネットワークの誤差値の平均値です．average_q が大きくなっていけば選択した行動がより高く評価されていることがわかり，average_loss が小さくなっていけば選択した行動が適切だったということがわかり，学習が進んでいるかどうかの目安になります．

4.3.2 プログラムの説明

これを実現するためのフローチャートを**図 4.4** に示します．そして，これを実現するためのプログラムを**リスト 4.2** に示します．

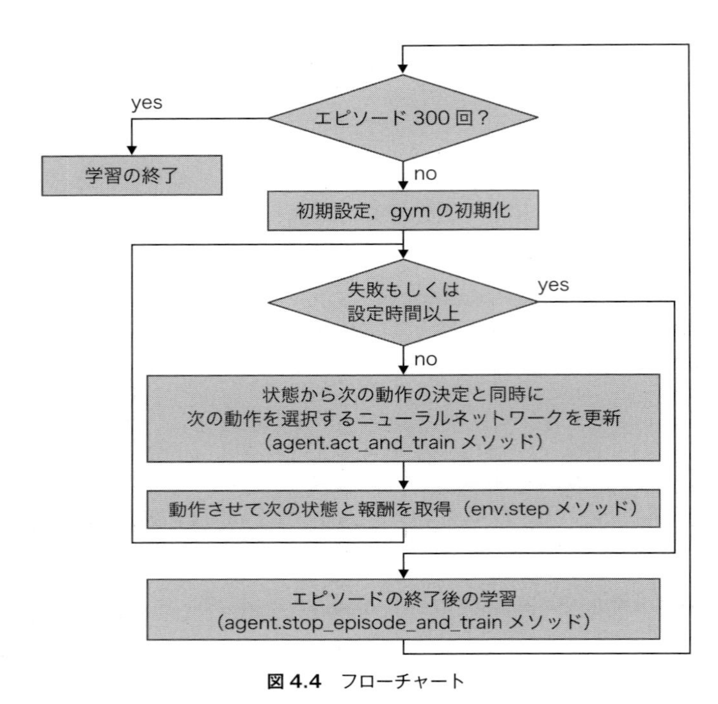

図 4.4 フローチャート

リスト 4.2 倒立振子問題のディープQネットワーク版：cartpole_DQN.py

```
 1 # coding:utf-8
 2 #import myenv
 3 import gym  # 倒立振子（cartpole）の実行環境
 4 from gym import wrappers  # gymの画像保存
 5 import numpy as np
 6 import time
 7 import chainer
 8 import chainer.functions as F
 9 import chainer.links as L
10 import chainerrl
11 
12 
13 # Q関数の定義
14 class QFunction(chainer.Chain):
15     def __init__(self, obs_size, n_actions, n_hidden_channels=50):
16         super().__init__()
17         with self.init_scope():
18             self.l0=L.Linear(obs_size, n_hidden_channels)
```

```
19            self.l1=L.Linear(n_hidden_channels, n_hidden_channels)
20            self.l2=L.Linear(n_hidden_channels, n_actions)
21 
22    def __call__(self, x, test=False):
23        h = F.tanh(self.l0(x))
24        h = F.tanh(self.l1(h))
25        return chainerrl.action_value.DiscreteActionValue(self.l2(h))
26 
27 env = gym.make('CartPole-v0')
28 
29 gamma = 0.9
30 alpha = 0.5
31 max_number_of_steps = 200  # 総試行回数
32 num_episodes = 300         # 総試行回数
33 
34 q_func = QFunction(env.observation_space.shape[0], env.action_space.n)
35 optimizer = chainer.optimizers.Adam(eps=1e-2)
36 optimizer.setup(q_func)
37 explorer = chainerrl.explorers.LinearDecayEpsilonGreedy(start_epsilon=1.0,
   end_epsilon=0.1, decay_steps=num_episodes, random_action_func=env.action_
   space.sample)
38 replay_buffer = chainerrl.replay_buffer.ReplayBuffer(capacity=10 ** 6)
39 phi = lambda x: x.astype(np.float32, copy=False)
40 agent = chainerrl.agents.DQN(
41     q_func, optimizer, replay_buffer, gamma, explorer,
42     replay_start_size=500, update_interval=1, target_update_interval=100,
   phi=phi)
43 
44 for episode in range(num_episodes):  # 試行数分繰り返す
45     observation = env.reset()
46     done = False
47     reward = 0
48     R = 0
49     for t in range(max_number_of_steps):  # 1試行のループ
50         if episode%100==0:
51             env.render()
52         action = agent.act_and_train(observation, reward)
53         observation, reward, done, info = env.step(action)
54         R += reward
55         if done:
56             break
57     agent.stop_episode_and_train(observation, reward, done)
```

```
58        if episode % 10 == 0:
59            print('episode:', episode, 'R:', R, 'statistics:', agent.get_
   statistics())
```

では，プログラムを説明していきます．このプログラムはQラーニングの倒立振子と，深層強化学習のネズミ学習問題のプログラムを合わせたような形となっています．

1. ライブラリのインポート

深層強化学習を行うため，ChainerRLのライブラリをインポートします．

2. ニューラルネットワークの設定

この設定方法はネズミ学習問題と似ています．ここでは，中間層を2つ持つニューラルネットワークを設定しています．また，活性化関数にはハイパボリックタンジェント（tanh）関数を用いています．そして，ネズミ学習問題と同じように．chainerrl.action_value.DiscreteActionValueメソッドという深層強化学習特有の関数を使って出力を作っています．

3. OpenAI Gymによる倒立振子の初期化と表示

強化学習と同様に，初期化は次によって行います．

```
27  env = gym.make('CartPole-v0')
```

まず，状態をリセットして初期化します．

```
45  observation = env.reset()
```

そして，シミュレーション動画は次によって表示させています．ここでは100エピソードごとに表示するようにしています．

```
50  if episode%100==0:
51      env.render()
```

4. 変数の設定

gamma などの変数の設定はネズミ学習問題と同じです．

5. 深層強化学習の設定

34～42 行目で深層強化学習の設定をしています．この設定はネズミ学習問題と同じで，異なる点は Q 値を求めるための入出力関係の引数だけです（34 行目）．入力の次元数は env.observation_space.shape[0] で得られ，出力の次元数は env.action_space.n で得られます．

6. 学習の繰り返し

これらの設定を基にして，図 4.4 に示すフローチャートのように行動と学習を繰り返します．基本的にはネズミ学習問題と Q ラーニングの倒立振子を合わせたプログラムになっています．ネズミ学習問題や Q ラーニングの倒立振子と異なる点を示します．

1 **初期化**

初期化のときに，倒立振子のリセットをしています．それ以外はネズミ学習問題と同じです．

2 **繰り返し**

ネズミ学習問題や Q ラーニングの倒立振子の問題と同様に，決まった回数だけ繰り返します．done という終了フラグが True になったときにこの繰り返しループを抜けてエピソードを終了させます．なお，done が True になるのは棒が設定した範囲より倒れたときと台車が画面外に出たときです．

3 **行動の選択と学習**

agent.act_and_train メソッドによって行います．これはネズミ学習問題と同じです．

4 **動作**

env.step メソッドが実行され，行動（action）に従って台車を動かします．これは Q ラーニングの倒立振子と同じです．行動を入力すると適切にシミュレーションし，状態（observation）と報酬（reward）のほかに，動作の設定範囲を超えた場合に True になる done とデバッグ情報を含む info が返されるようになっています．

5 **終了時の学習**

試行が終わると，3とは異なるメソッドである agent.stop_episode_and_train メソッドで学習が行われます．これはネズミ学習問題と同じです．

以上の試行を1エピソードとして，num_episodes で決められた回数だけ行います．

4.4 OpenAI Gym によるスペースインベーダー

できるようになること 画像を状態として入力し，ディープQネットワークで解く

使用プログラム Spaceinvaders_DQN.py

第1章の図1.1で示したスペースインベーダーを，深層強化学習を使って学習します．ここでは，状態として表示された画像をそのまま使います．この方法は学習時間は非常に長くなりますが，テレビゲームを学習するときによく使われる方法ですので，ここで紹介します．

説明はこの後で行いますが，まずは実行してみましょう．Spaceinvaders_DQN.py があるディレクトリで次のコマンドを実行します．なお，このプログラムは Windows 上の Anaconda では動作しません．Windows 上で実行する場合は VirtualBox に Ubuntu をインストールして実行する必要があります．VirtualBox のインストールは付録 A.1 を参考にしてください．

- Linux，Mac，RasPi（Python2 系）の場合（Windows では動作せず）：

```
$ python Spaceinvaders_DQN.py
```

- Linux，Mac，RasPi（Python3 系）場合（Windows では動作せず）：

```
$ python3 Spaceinvaders_DQN.py
```

倒立振子のときと同じように，10エピソードごとに第1章の図1.1に示したようなシミュレーション動画が表示されます．スペースインベーダーを学習するプログラムを**リスト 4.3** に示します．省略している部分は倒立振子の問題とほぼ同じです．

リスト 4.3 スペースインベーダーの学習：Spaceinvaders_DQN.py の一部

```
1  （前略）
2  class QFunction(chainer.Chain):
3      def __init__(self):
4          super(QFunction, self).__init__()
5          with self.init_scope():
6              self.conv1 = L.Convolution2D(3, 16, (11,9), 1, 0)  # 1層目の畳み込
   み層（チャンネル数は16）
7              self.conv2 = L.Convolution2D(16, 32, (11,9), 1, 0) # 2層目の畳み込
   み層（チャンネル数は32）
8              self.conv3 = L.Convolution2D(32, 64, (10,9), 1, 0) # 2層目の畳み込
   み層（チャンネル数は64）
9              self.l4 = L.Linear(14976, 6) # 行動は6通り
10 
11     def __call__(self, x):
12         h1 = F.max_pooling_2d(F.relu(self.conv1(x)), ksize=2, stride=2)
13         h2 = F.max_pooling_2d(F.relu(self.conv2(h1)), ksize=2, stride=2)
14         h3 = F.max_pooling_2d(F.relu(self.conv3(h2)), ksize=2, stride=2)
15         return chainerrl.action_value.DiscreteActionValue(self.l4(h3))
16 
17 def random_action():
18     return np.random.choice([0, 1, 2, 3, 4, 5])
19  （中略）
20     outdir = 'result'
21     env = gym.make('SpaceInvaders-v0')
22     env = gym.wrappers.Monitor(env, outdir) # プレイの様子の動画データを保存
   （MP4形式）
23     chainerrl.misc.env_modifiers.make_reward_filtered(env, lambda x: x * 0.01)
   # 報酬値を1以下にする
24 
25     # エピソードの試行＆強化学習スタート
26     for episode in range(1, num_episodes + 1):  # 試行数分繰り返す
27         done = False
28         reward = 0
29         observation = env.reset()
30         observation = np.asarray(observation.transpose(2, 0, 1), dtype=np.
   float32) # 画像データの次元変換
31         while not done:
32             if episode % 10 == 0:
33                 env.render()
34             action = agent.act_and_train(observation, reward)
```

```
35                observation, reward, done, info = env.step(action)
36                observation = np.asarray(observation.transpose(2, 0, 1), dtype=np.
   float32)
37                print(action, reward, done, info)
38            agent.stop_episode_and_train(observation, reward, done)
39            print('Episode {}: statistics: {}, epsilon {}'.format(episode, agent.
   get_statistics(), agent.explorer.epsilon))
40            if episode % 10 == 0: # 10エピソードごとにエージェントモデルを保存
41                agent.save('agent_spaceinvaders_' + str(episode))
42 （後略）
```

スペースインベーダーは6つの行動（何もしない，左へ移動，右へ移動，（その場で）ビーム発射，左に移動しながら発射，右に移動しながら発射）をとります．そしてスペースインベーダーの場合の状態（observation 変数に格納されている）は縦210×横160ピクセルのゲーム画像（RGB画像）であり，210×160×3の3次元配列で表現されています．これを3×210×160の3次元配列に変換し，畳み込みニューラルネットワークで処理して行動を出力しています．

リスト4.3を用いて学習していますが，なかなかクリアするまで行きません．このように，問題が難しくなると学習しにくくなります．深層強化学習の原理を知り，問題をいかに簡単化するかも重要であることがよくわかる例題です．

なお，リスト4.3の l4（エル ヨン）の設定に用いている14976は次の計算によって求められます．

$$
\begin{aligned}
H_1 &= \frac{210-11+1}{2} = 100, \quad W_1 = \frac{160-9+1}{2} = 76 \\
H_2 &= \frac{100-11+1}{2} = 45, \quad W_2 = \frac{76-9+1}{2} = 34 \\
H_3 &= \frac{45-10+1}{2} = 18, \quad W_3 = \frac{34-9+1}{2} = 13
\end{aligned}
$$

$$
H_3 \times W_3 \times 64 = 18 \times 13 \times 64 = 14976
$$

210×160の画像なので，畳み込みフィルタも11×9（1，2層目），10×9（3層目）と少し縦長のものを用いています．

4.5 OpenAI Gym によるリフティング

できるようになること OpenAI Gym の中身を改造して，ディープ Q ネットワークで解く

使用プログラム lifting_DQN.py

OpenAI Gym は，さまざまな物理シミュレーションの状態を見るのに非常に有用なライブラリです．この節では**図 4.5** にあるようなリフティングのシミュレーションをはじめから作ってみます．リフティングとは第 1 章の図 1.2（b）に示したようにラケットの面でボールを上に打ち続ける動作です．これにより，OpenAI Gym を使いこなす練習をします．

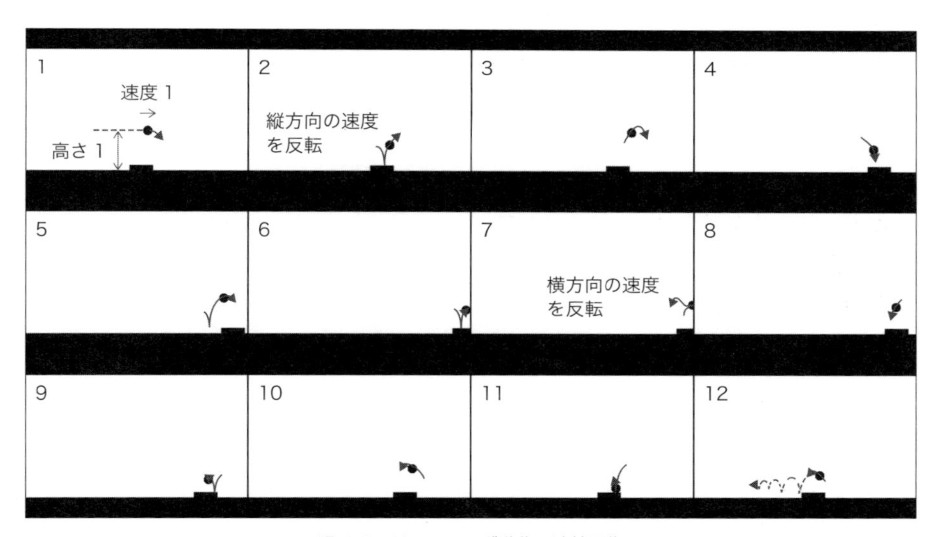

図 4.5 リフティング動作の連続画像

図 4.5 の問題設定を示します．

- 高さ 1 の位置から右方向に一定の速度を与えてボールを落とします．その後は自由落下します．
- ラケットに当たると，縦方向の速度を反転させることで，ボールを跳ね返します．

- 左右の壁にボールが当たると，横方向の速度を反転させることで，ボールを跳ね返します．
- ラケットでボールを跳ね返した場合に，報酬を1だけ与えます．
- ボールがラケットより下にくると失敗となり，エピソードが終わります．
- ラケットで10回ボールを跳ね返すと成功となり，エピソードが終わります．

なお，簡易計算を行っていますので，計算誤差により縦方向の跳ね返りはだんだん少なくなっています．また，学習を早く進めるために，ボールは毎回同じ位置，同じ速度で始めています．ランダムな初期位置と初期速度を与えることもできますが，その場合の学習には相当な時間がかかります．

4.5.1 プログラムの実行

説明はこの後で行いますが，まずは実行してみましょう．lifting_DQN.py があるディレクトリで次のコマンドを実行します．

- Windows（Python2系，3系），Linux，Mac，RasPi（Python2系）の場合：

```
$ python lifting_DQN.py
```

- Linux，Mac，RasPi（Python3系）の場合：

```
$ python3 lifting_DQN.py
```

倒立振子のときと同じように，10エピソードごとに図4.5に示したようなリフティングのシミュレーション動画が表示されます．ターミナルには**ターミナル出力4.3**のような表示がされます．Rは報酬の合計を示していて，10になったときが成功です．最初は数回しか跳ね返せていませんが，徐々に10回跳ね返せるようになり，500エピソードとなるころにはほぼ10回跳ね返せるようになります．

ターミナル出力4.3 lifting_DQN.py の実行結果

```
episode: 0 R: 2.0 statistics: [('average_q', 0.018408208963098402), ('average_
loss', 0)]
episode: 10 R: 0.0 statistics: [('average_q', 0.011077639667694 56), ('average_
loss', 0.011224545478767412)]
```

```
episode: 20 R: 0.0 statistics: [('average_q', 0.05842710895661317), ('average_
loss', 0.007480522847762019)]
（中略）
episode: 470 R: 10.0 statistics: [('average_q', 14.702887879263104), ('average_
loss', 0.11196882698628721)]
episode: 480 R: 10.0 statistics: [('average_q', 15.408844853410795), ('average_
loss', 0.11974204689436917)]
episode: 490 R: 2.0 statistics: [('average_q', 18.084078798167834), ('average_
loss', 0.11587661302725942)]
episode: 500 R: 10.0 statistics: [('average_q', 18.40843715713511), ('average_
loss', 0.12796028081919253)]
```


4.5.2 プログラムの説明

実行した lifting_DQN.py は，深層強化学習の倒立振子のプログラム cartpole_DQN.py とほぼ同じです．異なるのは次の 3 行だけです．

```
import myenv # 追加

env = gym.make('Lifting-v0')
num_episodes = 20000  # 総試行回数
```

ここでは，ボールの落下やラケットの移動を行う部分を作ります．倒立振子の場合は cartpole.py という用意されたファイルを使っていました．

これは次のディレクトリにあります．

- Windows の場合：
  C:\Users\【ユーザ名】\Anaconda3\Lib\site-packages\gym\envs\classic_control\cartpole.py
- Linux（Python2 系）の場合：
  /usr/local/lib/python2.7/dist-packages/gym/envs/classic_control/cartpole.py
- Linux（Python3 系）の場合：
  /usr/local/lib/python3.5/dist-packages/gym/envs/classic_control/cartpole.py

- Mac（Python2系）の場合：
  /usr/local/lib/python2.7/site-packages/gym/envs/classic_control/cartpole.py
  あるいは
  /Library/Python/2.7/site-packages/gym/envs/classic_control/cartpole.py
- Mac（Python3系）の場合：
  /usr/local/lib/python3.6/site-packages/gym/envs/classic_control/cartpole.py
  あるいは
  /Library/Python/3.6/site-packages/gym/envs/classic_control/cartpole.py

今回はlifting.pyというファイルを新たに作成し，シミュレーションのプログラムを始めから書きます．これにはいくつかのファイルを次のディレクトリ構造になるように作成します．

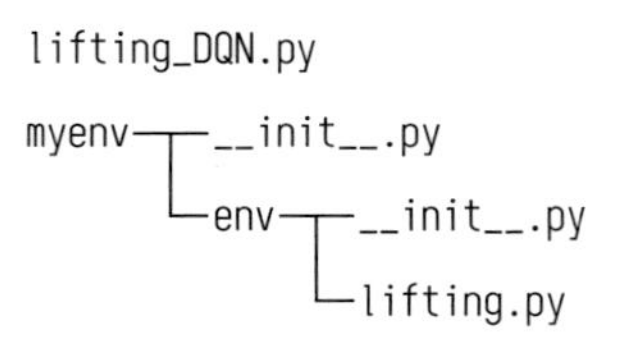

まずはmyenvディレクトリの下にある__init__.pyを**リスト4.4**に示します．ここではLifting-v0というIDでmyenvディレクトリの下のenvディレクトリの下にあるLiftingEnvクラスを呼び出すことを宣言しています．

リスト4.4 myenv/__init__.py

```
1 from gym.envs.registration import register
2
3 register(
4     id='Lifting-v0',
5     entry_point='myenv.env:LiftingEnv',
6 )
```

次に，envディレクトリの下にある__init__.pyを**リスト4.5**に示します．ここではLiftingEnvクラスがmyenvディレクトリの下のenvディレクトリの下にあるlifting.pyの中にあることを宣言しています.

リスト4.5 myenv/env/__init__.py

```
1 from myenv.env.lifting import LiftingEnv
```

これでlifting.pyの中のLiftingEnvを呼び出す設定ができました. OpenAI Gymを使ったプログラムを書くときに必要なメソッドは次の4つとなります.

- __init__(self) : 初期設定を行う
- _step(self, action) : 行動に対して動作させる
- _reset(self) : 初期状態に戻す
- _render(self, mode='human', close=False) : 描画する

最初にアンダーバーが付いていますが, stepメソッド, resetメソッド, renderメソッドは倒立振子の学習プログラムを動かすときに使いましたね.

リスト4.6に, ラケットやボールの動きを決めるためのプログラムを示します. これまでのプログラムに比べて少し長く感じるかもしれませんが, その理由として,

- 変数が多い
- 運動方程式を解いている部分が長い
- 描画のためのコードが長い

ことが挙げられます. そのため, 本質だけを見るとかなり短くなります.

リスト4.6 リフティング動作：lifting.py

```
1  # coding:utf-8
2  import logging
3  import math
4  import gym
5  from gym import spaces
6  from gym.utils import seeding
7  import numpy as np
8  
9  logger = logging.getLogger(__name__)
10 
```

```
11  class LiftingEnv(gym.Env):
12      metadata = {
13          'render.modes': ['human', 'rgb_array'],
14          'video.frames_per_second' : 50
15      }
16  
17      def __init__(self):
18          self.gravity = 9.8       # 重力加速度
19          self.racketmass = 1.0    # ラケット重さ
20          self.racketwidth = 0.5   # ラケットの横幅
21          self.racketheight = 0.25 # ラケットの高さ
22          self.racketposition = 0  # ラケットの位置
23          self.ballPosition = 1    # ボールの位置
24          self.ballRadius = 0.1    # ボールの半径
25          self.ballVelocity = 1    # ボールの横方向の速度
26          self.force_mag = 10.0    # 台車を移動させるときの力
27          self.tau = 0.02          # 時間刻み
28          self.cx_threshold = 2.4  # 移動制限
29          self.bx_threshold = 2.4
30          self.by_threshold = 2.4
31  
32          self.action_space = spaces.Discrete(2)
33  
34          high = np.array([
35              self.cx_threshold,
36              np.finfo(np.float32).max,
37              self.bx_threshold,
38              self.by_threshold,
39              np.finfo(np.float32).max
40              ])
41          self.observation_space = spaces.Box(-high, high)
42  
43          self._seed()
44          self.viewer = None
45          self._reset()
46  
47      def _seed(self, seed=None):
48          self.np_random, seed = seeding.np_random(seed)
49          return [seed]
50  
51      def _step(self, action):
```

```
52         assert self.action_space.contains(action), '%r (%s) invalid' %(action,
   type(action))
53
54         state = self.state
55         cx, cx_dot, bx, by, bx_dot = state
56         force = self.force_mag if action==1 else -self.force_mag
57         cx_dot = cx_dot + self.tau * force / self.racketmass
58         cx  = cx + self.tau * cx_dot
59
60         byacc  = -self.gravity
61         self.by_dot = self.by_dot + self.tau * byacc
62         by  = by + self.tau * self.by_dot
63         bx  = bx + self.tau * bx_dot
64         bx_dot = bx_dot if bx>-self.cx_threshold and bx<self.cx_threshold else
   -bx_dot
65         reward = 0.0
66         if bx>cx-self.racketwidth/2 and bx<cx+self.racketwidth/2 and by<self.
   ballRadius and self.by_dot<0:
67             self.by_dot = -self.by_dot
68             reward = 1.0
69         self.state = (cx, cx_dot,bx,by,bx_dot)
70         done =  cx < -self.cx_threshold-self.racketwidth \
71                 or cx > self.cx_threshold +self.racketwidth\
72                 or by < 0
73         done = bool(done)
74
75         if done:
76             reward = 0.0
77
78         return np.array(self.state), reward, done, {}
79
80     def _reset(self):
81         self.state = np.array([0,0,0,self.ballPosition,self.ballVelocity])
82         self.steps_beyond_done = None
83         self.by_dot = 0
84         return np.array(self.state)
85
86     def _render(self, mode='human', close=False):
87         if close:
88             if self.viewer is not None:
89                 self.viewer.close()
```

```
 90                 self.viewer = None
 91             return
 92 
 93         screen_width = 600
 94         screen_height = 400
 95         world_width = self.cx_threshold*2
 96         scale = screen_width/world_width
 97         racketwidth = self.racketwidth*scale   # 50.0
 98         racketheight = self.racketheight*scale # 30.0
 99 
100         if self.viewer is None:
101             from gym.envs.classic_control import rendering
102             self.viewer = rendering.Viewer(screen_width, screen_height)
103             l,r,t,b = -racketwidth/2, racketwidth/2, racketheight/2,
-racketheight/2
104             axleoffset =racketheight/4.0
105             racket = rendering.FilledPolygon([(l,b), (l,t), (r,t), (r,b)])
106             self.rackettrans = rendering.Transform()
107             racket.add_attr(self.rackettrans)
108             self.viewer.add_geom(racket)
109 
110             ball = rendering.make_circle(0.1*scale)
111             self.balltrans = rendering.Transform()
112             ball.add_attr(self.balltrans)
113             self.viewer.add_geom(ball)
114 
115         if self.state is None: return None
116 
117         x = self.state
118         rackety = self.racketposition*scale  # 100 # TOP OF racket
119         racketx = x[0]*scale+screen_width/2.0      # MIDDLE OF racket
120         ballx = x[2]*scale+screen_width/2.0        # MIDDLE OF racket
121         bally = x[3]*scale#+screen_width/2.0       # MIDDLE OF racket
122         self.rackettrans.set_translation(racketx, rackety)
123         self.balltrans.set_translation(ballx, bally)
124 
125         return self.viewer.render(return_rgb_array = mode=='rgb_array')
```

それではリスト 4.6 の中身を細かく見ていきます.

1. __init__(self)

初期設定として4つのことを行います．それぞれどのようなことを行っているのか説明していきます．

変数の設定

18～30行目で設定してます．

行動の数の設定

32行目の action_space に2次元であることを設定しています．

状態の次元数の設定

34～41行目で状態として取りうる範囲を設定しています．深層強化学習でも強化学習と同じように状態を離散化して分ける必要があります．ここでは5次元の状態を設定し，それぞれの最大値と最小値を設定しています．状態の分割数は自動的に決まります．

状態の初期化

毎回同じ動作をしないように，乱数の seed の初期化を行っています．_reset メソッドを呼び出すことで状態の初期化を行っています．

2. _step(self, action):

action に指定された動作に従った入力を行い，運動方程式を解いて次の状態を計算で求めています（54～64行目）．56行目で，action が1のときはラケットの横方向の力を self.force_mag とし，0の場合はマイナスを付けて -self.force_mag としています．

ラケット，ボールともに質点として計算し，粘性項は0としています．微小時間刻みを tau とすると，tau 時間後の速度は次のように更新されます．なお，次の式はプログラムの変数に合わせて書いてあります．

$$cx\_dot = cx\_dot + \frac{force}{racketmass} \times tau$$

そして，位置は次のように更新します．

$$cx = cx + cx\_dot \times tau$$

ボールは横方向には等速に動くようにしています．ウインドウの外部にボールの中心がはみ出す場合は，横方向の速度を反転させることで（64行目），壁にぶつかって跳ね返る動作をシミュレーションしています．

ボールの縦方向の動きも同様に計算します．そして，ラケットに当たって，かつ速度が下向きになっていた場合（66行目）は速度を反転させます．

ボールがラケットに当たらずウインドウの下についた，もしくは台車が画面からはみ出たかどうかは70行目で調べています．この条件が成り立つ場合はdone変数が1，成り立たない場合は0になります．これにより終了条件に当てはまっているかどうかを調べています．

3. _reset(self):

状態の初期化をしています．具体的には，ボールやラケットを初期位置や初期速度に戻します．

4. _render(self, mode='human', close=False):

ラケットやボールを描画しています．描画の準備として，まず変数の設定を行います（93〜98行目）．その後，次の2つの手順を行います．

1 描画する形を設定する（ラケット：102〜105行目，ボール：110行目）
2 登録する（ラケット：106〜108行目，ボール：111〜113行目）

そして，ラケットとボールの位置をスクリーン上の位置に変換しています（118〜121行目）．最後に，実際に描画します（ラケット：122行目，ボール：123行目）．

4.6 対戦ゲーム

できるようになること エージェントを2つ使って競い合いながらゲームを学習する

深層強化学習でリバーシを対象とした対戦ゲームを作ってみます．リバーシとは，表と裏が白と黒になっている石を使って，同じ色で挟むと石がひっくり返るゲームです．一般的にはオセロという名前で知られています．

ここでは，まず深層強化学習によるエージェント同士を対戦させて強くし，そのモデルを作成します．そして，そのモデルを使って人間と対戦することを行います．これはちょうど将棋や囲碁の学習と同じようなものになります．

まずは深層強化学習の学習部分にディープニューラルネットワークを用いたプログラムを作ります．その後，発展版として，4.6.6 項で畳み込みニューラルネットワークを用いたプログラムを作ります．

4.6.1 リバーシ

使用プログラム train_reversi_DNN.py，play_reversi_DNN.py，play_reversi_DNN_8x8.py，train_reversi_DNN_8x8.py

リバーシは通常 8 × 8 の盤面で行いますが，ここでは学習時間を考慮して 4 × 4 の盤面とします．ただし，プログラムを少し変えるだけで 8 × 8 にすることもできるようになっています．まずはイメージをつかむために実行してみましょう．reversi_DQN_DNN ディレクトリに移動して次のコマンドを実行します．

- Windows（Python2 系，3 系），Linux，Mac，RasPi（Python2 系）の場合：

```
$ python play_reversi_DNN.py
```

- Linux，Mac，RasPi（Python3 系）の場合：

```
$ python3 play_reversi_DNN.py
```

なお，Python2 系を使うときは play_reversi_DNN.py の中にある input を raw_input に変更してください．実行後は**ターミナル出力 4.4** のように表示されます．

ターミナル出力 4.4 play_reversi_DNN.py の実行結果

```
=== リバーシ ===
先攻（黒石，1） or 後攻（白石，2）を選択：1
難易度（弱 1〜10 強）：9
あなたは「●」（先攻）です。ゲームスタート！
   a  b  c  d
 1
 2     ○  ●
```

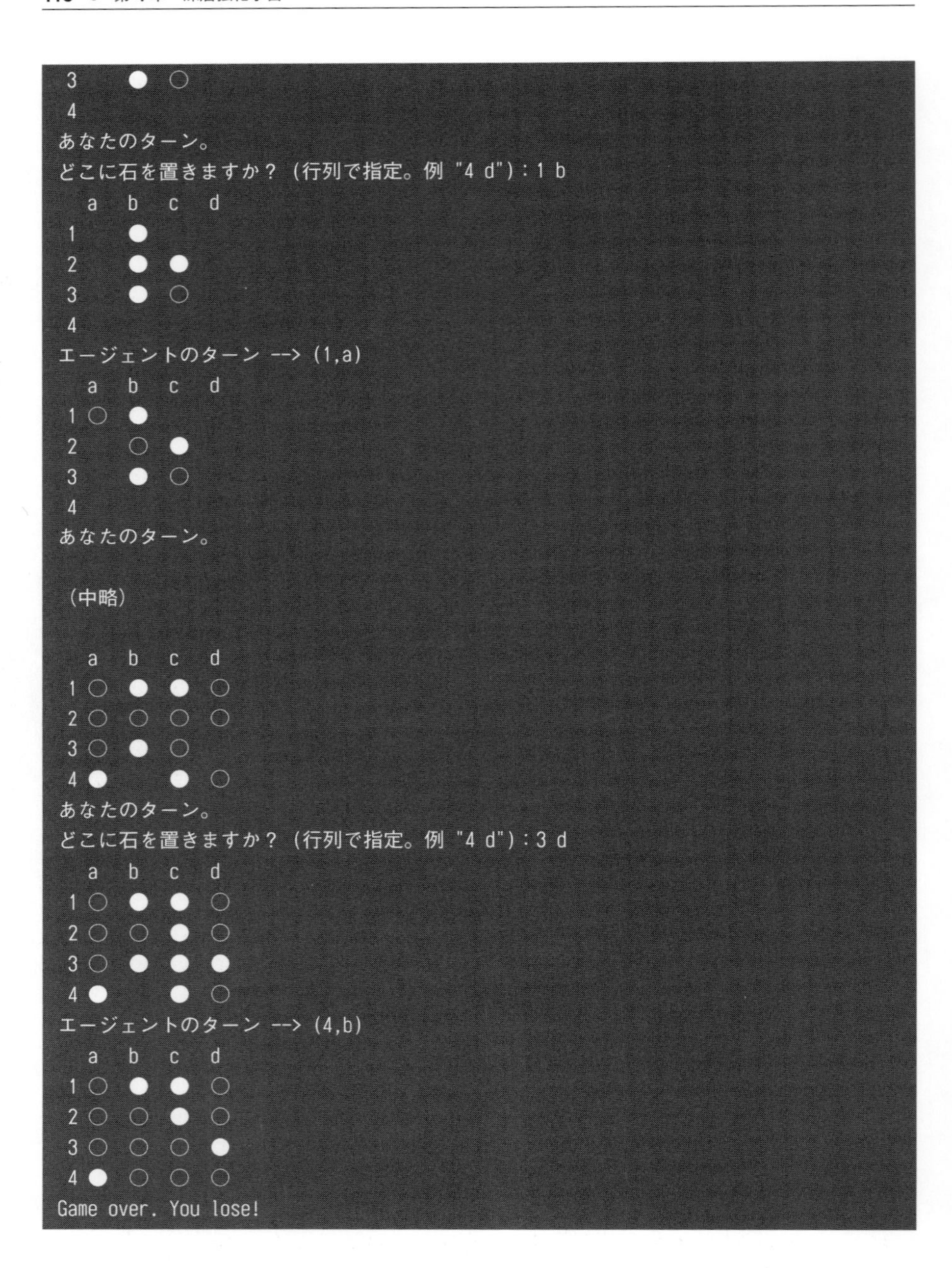

```
3   ● ○
4
あなたのターン。
どこに石を置きますか？（行列で指定。例 "4 d"）：1 b
  a b c d
1   ●
2   ● ●
3   ● ○
4
エージェントのターン --> (1,a)
  a b c d
1 ○ ●
2   ○ ●
3   ● ○
4
あなたのターン。

（中略）

  a b c d
1 ○ ● ● ○
2 ○ ○ ○ ○
3 ○ ● ○
4 ●   ● ○
あなたのターン。
どこに石を置きますか？（行列で指定。例 "4 d"）：3 d
  a b c d
1 ○ ● ● ○
2 ○ ○ ● ○
3 ○ ● ● ●
4 ●   ● ○
エージェントのターン --> (4,b)
  a b c d
1 ○ ● ● ○
2 ○ ○ ● ○
3 ○ ○ ○ ●
4 ● ○ ○ ○
Game over. You lose!
```

4.6.2 学習方法

対戦ゲームの学習プログラムの説明をしていきます．深層強化学習で必要となる状態，行動，報酬は次のように設定します．

- 状態：盤面の各マスに 0，1，2 のいずれかの値を設定
- 行動：盤面に番号が振ってあり，その番号が出力
- 報酬：勝った場合は 1，負けた場合は -1，引き分けの場合は 0 を付与

学習プログラムを**リスト 4.7** に示し，そのフローチャートを**図 4.6** に示します．

リスト 4.7 リバーシの学習プログラム：train_reversi_DNN.py

```
1  # -*- coding: utf-8 -*-
2  from __future__ import print_function
3  import chainer
4  import chainer.functions as F
5  import chainer.links as L
6  import chainerrl
7  import numpy as np
8  import sys
9  import re # 正規表現
10 import random
11 import copy
12
13 # 定数定義 #
14 SIZE = 4   # ボードサイズ SIZE*SIZE
15 NONE = 0   # ボードのある座標にある石：なし
16 BLACK = 1  # ボードのある座標にある石：黒
17 WHITE = 2  # ボードのある座標にある石：白
18 STONE = [' ', '●', '○'] # 石の表示用
19 ROWLABEL = {'a':1, 'b':2, 'c':3, 'd':4, 'e':5, 'f':6, 'g':7, 'h':8} # ボードの
   横軸ラベル
20 N2L = ['', 'a', 'b', 'c', 'd', 'e', 'f', 'g', 'h'] # 横軸ラベルの逆引き用
21 REWARD_WIN = 1     # 勝ったときの報酬
22 REWARD_LOSE = -1  # 負けたときの報酬
23 # 2次元のボード上での隣接8方向の定義（左から，上，右上，右，右下，下，左下，左
   ，左上）
24 DIR = ((-1,0), (-1,1), (0,1), (1,1), (1,0), (1, -1), (0,-1), (-1,-1))
25
26 ### Q関数の定義 ###
```

```
27 class QFunction(chainer.Chain):
28     def __init__(self, obs_size, n_actions, n_nodes):
29         w = chainer.initializers.HeNormal(scale=1.0) # 重みの初期化
30         super(QFunction, self).__init__()
31         with self.init_scope():
32             self.l1 = L.Linear(obs_size, n_nodes, initialW=w)
33             self.l2 = L.Linear(n_nodes, n_nodes, initialW=w)
34             self.l3 = L.Linear(n_nodes, n_nodes, initialW=w)
35             self.l4 = L.Linear(n_nodes, n_actions, initialW=w)
36     def __call__(self, x):
37         h = F.relu(self.l1(x))
38         h = F.relu(self.l2(h))
39         h = F.relu(self.l3(h))
40         return chainerrl.action_value.DiscreteActionValue(self.l4(h))
41 
42 ### リバーシボードクラス ###
43 class Board():
44 
45     # インスタンス（最初はボードの初期化）
46     def __init__(self):
47         self.board_reset()
48 
49     # ボードの初期化
50     def board_reset(self):
51         self.board = np.zeros((SIZE, SIZE), dtype=np.float32) # すべての石をク
   リア. ボードは2次元配列(i,j)で定義する
52         mid = SIZE // 2 # 真ん中の基準ポジション
53         # 初期4つの石を配置
54         self.board[mid, mid] = WHITE
55         self.board[mid-1, mid-1] = WHITE
56         self.board[mid-1, mid] = BLACK
57         self.board[mid, mid-1] = BLACK
58         self.winner = NONE    # 勝者
59         self.turn = BLACK     # 黒石スタート
60         self.game_end = False # ゲーム終了チェックフラグ
61         self.pss = 0  # パスチェック用フラグ. 双方がパスをするとゲーム終了
62         self.nofb = 0 # ボード上の黒石の数
63         self.nofw = 0 # ボード上の白石の数
64         self.available_pos = self.search_positions() # self.turnの石が置ける場
   所のリスト
65 
```

```
66      # 石を置く&リバース処理
67      def put_stone(self, pos):
68          if self.is_available(pos):
69              self.board[pos[0], pos[1]] = self.turn
70              self.do_reverse(pos) # リバース
71              return True
72          else:
73              return False
74
75      # ターンチェンジ
76      def change_turn(self):
77          self.turn = WHITE if self.turn == BLACK else BLACK
78          self.available_pos = self.search_positions() # 石が置ける場所を探索し
ておく
79
80      # ランダムに石を置く場所を決める（ε-greedy用）
81      def random_action(self):
82          if len(self.available_pos) > 0:
83              pos = random.choice(self.available_pos) # 置く場所をランダムに決め
る
84              pos = pos[0] * SIZE + pos[1] # 1次元座標に変換（NNの教師データは1
次元でないといけない）
85              return pos
86          return False # 置く場所なし
87
88      # エージェントの行動と勝敗判定. 置けない場所に置いたら負けとする
89      def agent_action(self, pos):
90          self.put_stone(pos)
91          self.end_check() # 石が置けたら, ゲーム終了をチェック
92
93      # リバース処理
94      def do_reverse(self, pos):
95          for di, dj in DIR:
96              opp = BLACK if self.turn == WHITE else WHITE # 対戦相手の石
97              boardcopy = self.board.copy() # いったんボードをコピーする（copyを
使わないと参照渡しになるので注意）
98              i = pos[0]
99              j = pos[1]
100             flag = False # 挟み判定用フラグ
101             while 0 <= i < SIZE and 0 <= j < SIZE: # (i,j)座標が盤面内に収まっ
ている間繰り返す
```

```
102                     i += di # i座標（縦）をずらす
103                     j += dj # j座標（横）をずらす
104                     if 0 <= i < SIZE and 0 <= j < SIZE and boardcopy[i,j] == opp:
    # 盤面に収まっており，かつ相手の石だったら
105                         flag = True
106                         boardcopy[i,j] = self.turn # 自分の石にひっくり返す
107                     elif not(0 <= i < SIZE and 0 <= j < SIZE) or (flag == False
    and boardcopy[i,j] != opp):
108                         break
109                     elif boardcopy[i,j] == self.turn and flag == True: # 自分と同
    じ色の石がくれば挟んでいるのでリバース処理を確定
110                         self.board = boardcopy.copy() # ボードを更新
111                         break
112
113     # 石が置ける場所をリストアップする．石が置ける場所がなければ「パス」となる
114     def search_positions(self):
115         pos = []
116         emp = np.where(self.board == 0) # 石が置かれていない場所を取得
117         for i in range(emp[0].size):   # 石が置かれていないすべての座標に対し
    て
118             p = (emp[0][i], emp[1][i]) # (i,j)座標に変換
119             if self.is_available(p):
120                 pos.append(p) # 石が置ける場所の座標リストの生成
121         return pos
122
123     # 石が置けるかをチェックする
124     def is_available(self, pos):
125         if self.board[pos[0], pos[1]] != NONE: # すでに石が置いてあれば，置け
    ない
126             return False
127         opp = BLACK if self.turn == WHITE else WHITE
128         for di, dj in DIR: # 8方向の挟み（リバースできるか）チェック
129             i = pos[0]
130             j = pos[1]
131             flag = False # 挟み判定用フラグ
132             while 0 <= i < SIZE and 0 <= j < SIZE: # (i,j)座標が盤面内に収まっ
    ている間繰り返す
133                 i += di # i座標（縦）をずらす
134                 j += dj # j座標（横）をずらす
135                 if 0 <= i < SIZE and 0 <= j < SIZE and self.board[i,j] == opp:
    #盤面に収まっており，かつ相手の石だったら
```

```
136                     flag = True
137                 elif not(0 <= i < SIZE and 0 <= j < SIZE) or (flag == False
    and self.board[i,j] != opp) or self.board[i,j] == NONE:
138                     break
139                 elif self.board[i,j] == self.turn and flag == True: # 自分と同
    じ色の石
140                     return True
141         return False
142 
143     # ゲーム終了チェック
144     def end_check(self):
145         if np.count_nonzero(self.board) == SIZE * SIZE or self.pss == 2:
    # ボードにすべて石が埋まるか，双方がパスがしたら
146             self.game_end = True
147             self.nofb = len(np.where(self.board==BLACK)[0])
148             self.nofw = len(np.where(self.board==WHITE)[0])
149             self.winner = BLACK if len(np.where(self.board==BLACK)[0]) >
    len(np.where(self.board==WHITE)[0]) else WHITE
150 
151 # メイン関数
152 def main():
153     board = Board() # ボード初期化
154 
155     obs_size = SIZE * SIZE  # ボードサイズ (=NN入力次元数)
156     n_actions = SIZE * SIZE # 行動数はSIZE*SIZE (ボードのどこに石を置くか)
157     n_nodes = 256 # 中間層のノード数
158     q_func = QFunction(obs_size, n_actions, n_nodes)
159 
160     # optimizerの設定
161     optimizer = chainer.optimizers.Adam(eps=1e-2)
162     optimizer.setup(q_func)
163     # 減衰率
164     gamma = 0.99
165     # ε-greedy法
166     explorer = chainerrl.explorers.LinearDecayEpsilonGreedy( \
167         start_epsilon=1.0, end_epsilon=0.1, decay_steps=50000, random_action_
    func=board.random_action)
168     # Experience Replay用のバッファ (十分大きく，エージェントごとに用意)
169     replay_buffer_b = chainerrl.replay_buffer.ReplayBuffer(capacity=10 ** 6)
170     replay_buffer_w = chainerrl.replay_buffer.ReplayBuffer(capacity=10 ** 6)
171     # エージェント．黒石用・白石用のエージェントを別々に学習する．DQNを利用．
    バッチサイズを少し大きめに設定
```

```
172     agent_black = chainerrl.agents.DQN( \
173         q_func, optimizer, replay_buffer_b, gamma, explorer, \
174         replay_start_size=1000, minibatch_size=128, update_interval=1, target_
    update_interval=1000)
175     agent_white = chainerrl.agents.DQN( \
176         q_func, optimizer, replay_buffer_w, gamma, explorer, \
177         replay_start_size=1000, minibatch_size=128, update_interval=1, target_
    update_interval=1000)
178     agents = ['', agent_black, agent_white]
179 
180     n_episodes = 20000 # 学習ゲーム回数
181     win = 0  # 黒の勝利数
182     lose = 0 # 黒の敗北数
183     draw = 0 # 引き分け
184 
185     # ゲーム開始（エピソードの繰り返し実行）
186     for i in range(1, n_episodes + 1):
187         board.board_reset()
188         rewards = [0, 0, 0] # 報酬リセット
189 
190         while not board.game_end: # ゲームが終わるまで繰り返す
191             #print('DEBUG: rewards {}'.format(rewards))
192             # 石が置けない場合はパス
193             if not board.available_pos:
194                 board.pss += 1
195                 board.end_check()
196             else:
197                 # 石を配置する場所を取得．ボードは2次元だが，NNへの入力のため1
    次元に変換
198                 boardcopy = np.reshape(board.board.copy(), (-1,))
199                 while True: # 置ける場所が見つかるまで繰り返す
200                     pos = agents[board.turn].act_and_train(boardcopy,
    rewards[board.turn])
201                     pos = divmod(pos, SIZE) # 座標を2次元(i,j)に変換
202                     if board.is_available(pos):
203                         break
204                     else:
205                         rewards[board.turn] = REWARD_LOSE # 石が置けない場所で
    あれば負の報酬
206                 # 石を配置
207                 board.agent_action(pos)
```

```
208                 if board.pss == 1: # 石が配置できた場合にはパスフラグをリセッ
    トしておく（双方が連続パスするとゲーム終了する）
209                     board.pss = 0
210 
211             # ゲーム時の処理
212             if board.game_end:
213                 if board.winner == BLACK:
214                     rewards[BLACK] = REWARD_WIN  # 黒の勝ち報酬
215                     rewards[WHITE] = REWARD_LOSE # 白の負け報酬
216                     win += 1
217                 elif board.winner == 0:
218                     draw += 1
219                 else:
220                     rewards[BLACK] = REWARD_LOSE
221                     rewards[WHITE] = REWARD_WIN
222                     lose += 1
223                 #エピソードを終了して学習
224                 boardcopy = np.reshape(board.board.copy(), (-1,))
225                 # 勝者のエージェントの学習
226                 agents[board.turn].stop_episode_and_train(boardcopy,
    rewards[board.turn], True)
227                 board.change_turn()
228                 # 敗者のエージェントの学習
229                 agents[board.turn].stop_episode_and_train(boardcopy,
    rewards[board.turn], True)
230             else:
231                 board.change_turn()
232 
233         # 学習の進捗表示（100エピソードごと）
234         if i % 100 == 0:
235             print('==== Episode {} : black win {}, black lose {}, draw {}
    ===='.format(i, win, lose, draw)) # 勝敗数は黒石基準
236             print('<BLACK> statistics: {}, epsilon {}'.format(agent_black.get_
    statistics(), agent_black.explorer.epsilon))
237             print('<WHITE> statistics: {}, epsilon {}'.format(agent_white.get_
    statistics(), agent_white.explorer.epsilon))
238             # カウンタ変数の初期化
239             win = 0
240             lose = 0
241             draw = 0
242 
243         if i % 1000 == 0: # 1000エピソードごとにモデルを保存する
```

```
244                 agent_black.save('agent_black_' + str(i))
245                 agent_white.save('agent_white_' + str(i))
246
247 if __name__ == '__main__':
248     main()
```

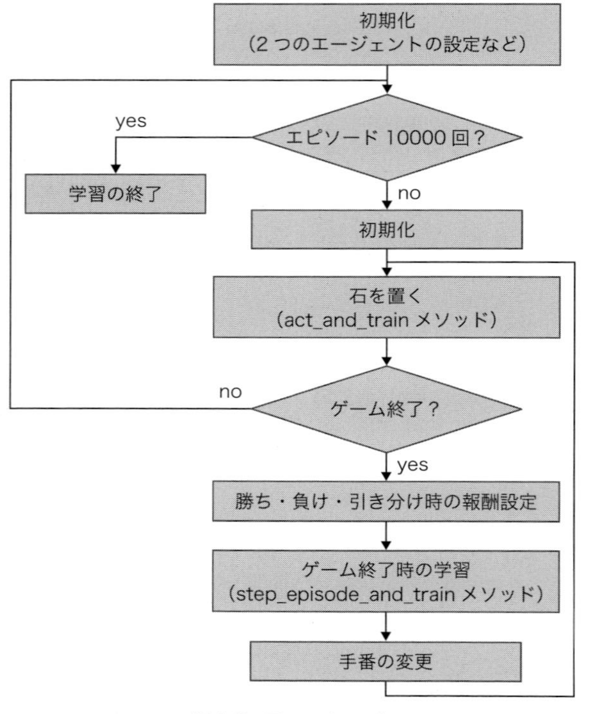

図4.6 フローチャート

図4.6のフローチャートに沿ってプログラムの大まかな流れを説明します.

まず, 初期設定を行います. この初期設定で2つのエージェントを設定する点がポイントとなります. 次に, エピソードの規定回数まで学習を繰り返すループに入ります. ここでは1回のゲームの終了までを1エピソードとしたループを行います.

ゲームではまず, 石を置く処理を行います. この処理では石が置けない場合はパスを選択し, 石が置ける場合は深層強化学習 (act_and_train メソッド) により得られた位置に石を置きます.

次にゲームが終了したかどうかを調べます．ゲームが終了している場合はどちらが勝ったかなどを設定します．

その後，エピソード終了時の学習を行います．勝った場合にはゲーム終了時の学習が行われます．

ゲームが終了していない場合は，手番を変えてまた繰り返します．

以降では，これらをどの部分で行っているのか，プログラムと対応させながら見ていきます．

1. 初期設定

まず盤面を初期化し（153 行目），ニューラルネットワークの設定を行います（155〜158 行目）．これは 27〜40 行目の QFunction 関数で行います．ここでは中間層のノードを 256 個とし，中間層を 2 層とした 4 層のニューラルネットワークを用いることとします．入力は盤面のサイズ（4 × 4 の場合は 16）とし，出力もそれと同じとします．

これにより**図 4.7** のように盤面に番号を振り，**図 4.8** のようにそれぞれの場所で石が置かれていなければ 0，黒が置かれていれば 1，白が置かれていれば 2 として，入力を作ります．なお，図 4.8 の盤面はターミナル出力 4.4 の 3 巡目の状態を表しています．

0	1	2	3
4	5	6	7
8	9	10	11
12	13	14	15

図 4.7 盤面と入力の関係

2	1	0	0
0	2	1	0
0	1	2	0
0	0	0	0

図 4.8 盤面上の石の表し方

次に，オプティマイザ（161，162 行目）とエクスプローラ（166，167 行目）の設定を行います．これはこれまでの深層強化学習と同じです．

その後，169〜177 行目に示すようにバッファとエージェントを白用と黒用の 2 つ設定するところがポイントとなります．そして，178 行目のように，これらのエージェントを agents 配列に入れて，agents[1] ならば agent_black を使い，agents[2] ならば agent_white を使うようにします．

2. ランダム行動の関数

深層強化学習でもランダム行動の関数が必要となります．これはBoardクラスの中のrandom_actionメソッドとして設定しています（81～86行目）．

3. ゲームの進め方

ゲームは190～231行目を繰り返すことで行われています．まず，187行目のboard.board_resetメソッドで盤面をリセットして，188行目で報酬をリセットします．rewardsは3次元となっていますが，実際は1列目は使いません．黒を1，白を2と表現するため，このようにしておくと都合がよいです．

ゲームが始まると石が置けるかどうかをboard.available_pos変数で調べます．置けない場合（193行目のif文）はboard.pss変数の値を増やしてから，終了しているかどうかをboard.end_checkメソッドで調べます．石が置ける場合（196行目のelse文）はまず，2次元で設定した盤面を1次元に整形します．この節のプログラムでは深層強化学習で使うニューラルネットワークとして，ディープニューラルネットワークを使うためです．

そして199行目のwhile文では，石が置ける場所を探します．まず，盤面を入力として深層強化学習を行うための関数（act_and_trainメソッド）を用い，次の行動を出力させます．

ここでポイントとなるのが，エージェントが配列で設定されている点です．これにより，白の場合と黒の場合を簡単に切り替えることができます．この切り替えには黒の場合は1，白の場合は2となる変数であるboard.turn変数を用いています．

そして，得られた次の位置をdivmod関数で2次元の座標に直します（201行目）．石が置けるかどうか調べて（202行目のif文），石が置ければループを抜けます．石が置けなければ（204行目のelse文），負の報酬（REWARD_LOSE）を設定して，再度200行目のメソッドにて石を置く位置を取得します．このときにact_and_trainメソッドで学習も行っています．

207行目が実行されるときには石が置ける位置が得られていますので，board.agent_actionメソッドで石を配置します．

石を置いた後は，ゲームが終了したかどうかをboard.game_endによって判定します．ゲームが終了していない場合，つまり手番が終了したとき（230行目のelse文）は，board.change_turnメソッドによって手番を変えてゲームを進めます（231 行目）．

一方，ゲームが終了した場合（212 行目の if 文）は，勝ったほうに 1 の報酬を与え，負けたほうに -1 の報酬を与えます．なお，引き分けの場合は報酬は 0 とします．報酬を設定したら終了時の学習を行います（224～229 行目）．

4. 学習の表示と保存

学習には何時間もかかる場合がありますので，学習の進捗をターミナルに表示しないと，学習が進んでいるのかどうかわかりません．そこで，100 エピソードおきなど間隔を区切って表示させることを行います．

リスト 4.7 では進捗として，エピソード数と 100 エピソードの間の黒の勝敗数（勝ち，負け，引き分けの回数）を表示しています．さらに，白と黒の学習状況を示します（235～237 目）．

243～245 行目では 1000 エピソードごとにエージェントモデルを保存するようにしています．人と対戦するときには，この学習済みのエージェントモデルを使います．

4.6.3 盤面の変更

もし盤面の大きさを変えたい場合は，リスト 4.7 の 14 行目の SIZE 変数の数を変更し，学習を実行して学習モデルを作成します．後述する人間と対戦するためのプログラムでも同様に変更して実行することで，異なる大きさの盤面でゲームをすることができます．

ただし，盤面を大きくすると，それだけ盤面のパターンが増えますので，リスト 4.7 のパラメータではうまく学習できません．強いエージェントを学習するためには，ニューラルネットワークの層を増やしたり，中間層のノード数を増やしたり，あるいはエージェントやエクスプローラのパラメータ（例えば，end_epsilon，decay_steps など）を変更したりして試してみてください．ただし，盤面が大きい分，学習にかなりの時間がかかるようになります．

4.6.4 リバーシの実体

4.6.2 項では深層強化学習に焦点を当てて説明を行いました．ここでは，リバーシを実行するときに必要となる Board クラスの中身を説明します．これにより，対戦ゲームを作るときのヒントとしていただけることを期待しています．Board

クラスには10個のメソッドがあります．

__init__(self)：インスタンス

最初に1回だけ呼び出されますのでボードの初期化を行います．ここでは board_reset メソッドを呼び出しているだけです．

board_reset(self)：ボードの初期化

ボードの初期化を行っています．まず，盤面をすべて0で埋めた後，中央に白と黒の石を配置します．そして，勝者の初期化，手番（turn 変数）を BLACK に設定，終了フラグの初期化などを行っています．

put_stone(self, pos)：石を置く＆リバース処理

引数で指定された位置に石を置きます．石が置けるかどうかは is_available メソッドで調べています．そして，石を置いた後は do_reverse メソッドで石をひっくり返します．石が置ける場合は True を返し，置けなかった場合は False を返します．

change_turn(self)：ターンチェンジ

turn 変数を変更しています．それと同時に石が置ける場所を search_positions メソッドで探索しておきます．

random_action(self)：ランダムに石を置く場所を決める（ε-greedy 用）

ランダムに石を置く場所を決めます．これは深層強化学習では必要な関数となります．石を置く場所は，search_positions メソッドで得られた available_pos 変数の中からランダムに探します．そして，2次元で表された場所を1次元に直しています．

agent_action(self, pos)：エージェントの行動と勝敗判定

引数で指定された位置に put_stone メソッドで石を置いています．そして，終了したかどうかを end_check メソッドで調べています．置けない場所に置いたら負けとします．

do_reverse(self, pos)：リバース処理

石をひっくり返す動作をしています．(i, j)座標を起点として，8方向を順にチェックしていきます．起点座標の隣が相手の石でかつその先に自分の石があれば，相手の石をすべてひっくり返すという処理を行っています．

search_positions(self)：石が置ける場所をリストアップ

まず石が置かれていない場所を取得し，それを2次元座標に変更します．石が置けるかどうかはis_availableメソッドで調べ，置ける場所をリストとして返します．石を置ける場所がなければ「パス」となります．

is_available(self, pos)：石が置けるかをチェックする

まず，引数で指定された位置に石が置けるかどうかを調べます．そして，do_reverseメソッドと同様のチェックを行い，その場所に置いた場合，石をひっくり返すことができるのかどうかを調べています．

end_check(self)：ゲーム終了チェック

ボードがすべて埋まっているかどうか，もしくはパスが2回連続で行われたかどうかで終了をチェックしています．ゲーム終了となった場合は，game_end変数をTrueとし，白と黒の石の数をそれぞれnofbとnofwに代入して，winner変数に勝者を入れます．

4.6.5 人間との対戦方法

本項では4.6.2項で学習したエージェントモデルを読み込んで人間と対戦します．リスト4.7ではエージェント同士が対戦しましたが，ここではその片方を人間に置き換えます．

同じ点と異なる点をまとめておきます．

まず，QFunctionクラスは同じです．

Boardクラスは，人間との対戦の場合は**リスト4.8**に示す盤面を表示するメソッド（show_board）を追加しています．

リスト 4.8 人間と対戦するためのリバーシの変更点（ボードの表示）：play_reversi_DNN.py の一部

```
1      # ボード表示
2      def show_board(self):
3          print('  ', end='')
4          for i in range(1, SIZE + 1):
5              print(' {}'.format(N2L[i]), end='') # 横軸ラベル表示
6          print('')
7          for i in range(0, SIZE):
8              print('{0:2d} '.format(i+1), end='')
9              for j in range(0, SIZE):
10                 print('{} '.format(STONE[ int(self.board[i][j]) ]), end='')
11             print('')
```

そして，**リスト 4.9** に示すキーボード入力から2次元配列に変換する関数（convert_coordinate メソッド）と勝敗を表示する関数（judge メソッド）を追加しています．

リスト 4.9 人間と対戦するためのリバーシの変更点（配置と判定）：play_reversi_DNN.py の一部

```
1  # キーボードから入力した座標を2次元配列に対応するよう変換する
2  def convert_coordinate(pos):
3      pos = pos.split(' ')
4      i = int(pos[0]) - 1
5      j = int(ROWLABEL[pos[1]]) - 1
6      return (i, j) # タプルで返す．iが縦，jが横
7
8  def judge(board, a, you):
9      if board.winner == a:
10         print('Game over. You lose!')
11     elif board.winner == you:
12         print('Game over. You win！')
13     else:
14         print('Game over. Draw.')
```

main 関数の中は，リスト 4.7 の 166，167 行目のエクスプローラの設定までは同じです．それ以降を**リスト 4.10** に示します．

リスト 4.10 人間と対戦するためのリバーシの変更点（explorer 以降）：play_reversi_DNN.py の一部

```
1        replay_buffer = chainerrl.replay_buffer.ReplayBuffer(capacity=10 ** 6)
2        # エージェント．DQNを利用
3        agent = chainerrl.agents.DQN(
4            q_func, optimizer, replay_buffer, gamma, explorer,
5            replay_start_size=1000, minibatch_size=128, update_interval=1,
   target_update_interval=1000)
6
7        ### ここからゲームスタート ###
8        print('=== リバーシ ===')
9        you = input('先攻（黒石，1） or 後攻（白石，2）を選択：')
10       you = int(you)
11       trn = you
12       assert(you == BLACK or you == WHITE)
13       level = input('難易度（弱 1～10 強）：')
14       level = int(level) * 2000
15       if you == BLACK:
16           s = '「●」（先攻）'
17           file = 'agent_white_v0.2.1_' + str(level)
18           a = WHITE
19       else:
20           s = '「○」（後攻）'
21           file = 'agent_black_v0.2.1_' + str(level)
22           a = BLACK
23       agent.load(file)
24       print('あなたは{}です。ゲームスタート！'.format(s))
25       board.show_board()
26
27       # ゲーム開始
28       while not board.game_end:
29           if trn == 2:
30               boardcopy = np.reshape(board.board.copy(), (-1,)) # ボードを1次元
   に変換
31               pos = divmod(agent.act(boardcopy), SIZE)
32               if not board.is_available(pos): # NNで置く場所が置けない場所であ
   れば置ける場所からランダムに選択する
33                   pos = board.random_action()
34                   if not pos: # 置く場所がなければパス
35                       board.pss += 1
36                   else:
37                       pos = divmod(pos, SIZE) # 座標を2次元に変換
```

```
38             print('エージェントのターン --> ', end='')
39             if board.pss > 0 and not pos:
40                 print('パスします。{}'.format(board.pss))
41             else:
42                 board.agent_action(pos) # posに石を置く
43                 board.pss = 0
44                 print('({},{})'.format(pos[0]+1, N2L[pos[1]+1]))
45             board.show_board()
46             board.end_check() # ゲーム終了チェック
47             if board.game_end:
48                 judge(board, a, you)
49                 continue
50             board.change_turn() # エージェント --> You
51 
52         while True:
53             print('あなたのターン。')
54             if not board.search_positions():
55                 print('パスします。')
56                 board.pss += 1
57             else:
58                 pos = input('どこに石を置きますか？ (行列で指定。例 "4 d"):
   ')
59                 if not re.match(r'[0-9] [a-z]', pos):
60                     print('正しく座標を入力してください。')
61                     continue
62                 else:
63                     if not board.is_available(convert_coordinate(pos)): # 置
   けない場所に置いた場合
64                         print('ここには石を置けません。')
65                         continue
66                     board.agent_action(convert_coordinate(pos))
67                     board.show_board()
68                     board.pss = 0
69             break
70         board.end_check()
71         if board.game_end:
72             judge(board, a, you)
73             continue
74 
75         trn = 2
76         board.change_turn()
```

このプログラムでポイントとなる点を説明します．

まず，人間と対戦するので，エージェントは1つしか設定しません．そのため，コンピュータ同士の対戦では agent を配列に入れて使っていましたが，今回は使いません．また，replay_buffer も1つだけ設定します．

ゲームが始まると先攻・後攻を入力します（リスト 4.10 の 9 行目）．そして，先攻の場合は 1，後攻の場合は 2 を trn 変数に入れます．1 と 2 を使うのはコンピュータ同士の対戦の名残です．

難易度も入力します（リスト 4.10 の 13 行目）．難易度は 1 から 10 までの数を入力し，それに 2000 を掛けてエピソード数にします．そして，その回数のエピソードが終わったときのエージェントモデルを agent.load メソッドで読み込んでいます．学習すればするほど強くなるという深層強化学習の特徴をうまく使っています．

ゲームが開始されると，trn が 2 であればコンピュータが石を打ちます．石の打ち方はコンピュータ同士のときと同じです．ただし，学習はしません．

そして，while 文の中のリスト 4.10 の 58 行目で人間が石を置きます．石が置ける位置を指定した場合は，この while ループから抜けます．

4.6.6 畳み込みニューラルネットワークの適用

使用プログラム train_reversi_CNN.py，play_reversi_CNN.py

最後に，畳み込みニューラルネットワークを用いた深層強化学習を作ります．これは，リスト 4.7 のディープニューラルネットワークの設定部分を畳み込みニューラルネットワークに変えることと入力を 2 次元にすることの 2 点を変えれば変更できます．

まず，畳み込みニューラルネットワークの設定は**リスト 4.11** のようにします．第 3 章で示したように畳み込み処理が行われていることがわかります．ただし，4 × 4 の盤面は畳み込みニューラルネットワークをするには小さすぎますので，プーリングは行っていません．

リスト 4.11 畳み込みニューラルネットワークによるリバーシ（ネットワークの設定）：train_reversi_CNN.py の一部

```
1 class QFunction(chainer.Chain):
2     def __init__(self, obs_size, n_actions, n_nodes):
```

```
 3         w = chainer.initializers.HeNormal(scale=1.0) # 重みの初期化
 4         super(QFunction, self).__init__()
 5         with self.init_scope():
 6             self.c1 = L.Convolution2D(1, 4, 2, 1, 0)
 7             self.c2 = L.Convolution2D(4, 8, 2, 1, 0)
 8             self.c3 = L.Convolution2D(8, 16, 2, 1, 0)
 9             self.l4 = L.Linear(16, n_nodes, initialW=w)
10             self.l5 = L.Linear(n_nodes, n_actions, initialW=w)
11 
12     # フォワード処理
13     def __call__(self, x):
14         #print('DEBUG: forward {}'.format(x))
15         h = F.relu(self.c1(x))
16         h = F.relu(self.c2(h))
17         h = F.relu(self.c3(h))
18         h = F.relu(self.l4(h))
19         return chainerrl.action_value.DiscreteActionValue(self.l5(h))
```

次に，入力の作成について示します．これはリスト4.7の198行目と224行目を**リスト4.12**へ変更することで実現できます．

リスト4.12 畳み込みニューラルネットワークによるリバーシ（入力の設定）：train_reversi_CNN.pyの一部

```
1 boardcopy = np.reshape(board.board.copy(), (1,SIZE,SIZE))
```

4.7 物理エンジンを用いたシミュレーション

できるようになること OpenAI Gymで動作を解いている部分を物理エンジンに置き換える

4.3〜4.5節ではOpenAI Gymを使ったシミュレーションを行いました．これは，倒立振子問題やリフティング問題のように，運動方程式で書き表すことができる問題には比較的簡単に適用できます．

ここで例えば，**図4.9**のようなロボットアームをうまく動かして，箱を押すことで所定の位置に移動させる問題を考えてみます．運動方程式を書いてロボットアームの先端を自在にコントロールすることはできますが，箱と接触して押すという動作を運動方程式で書こうとするとかなり難しくなります．接触だけというのも難しいのですが，さらに箱の場合は押した位置によって回転が生じます．

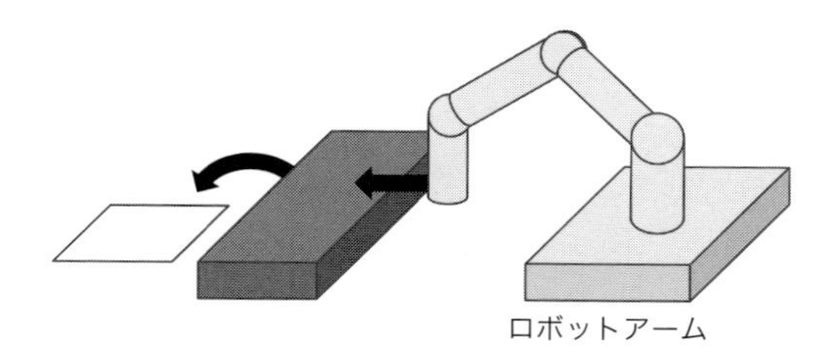

図 4.9 ロボットアームで箱を押す学習

このように，複雑で運動方程式で表すことができないような問題はたくさんあります．このような問題は実際のロボットを使った学習をする必要が生じますが，これは第5章に示すように簡単な問題でもかなりの時間がかかります．そこで本節では，物理エンジンというものを使って，運動方程式を解かずに複雑な動作をシミュレーションする方法を説明します．

なお，最初からまったく新しいことを行うのではなく，まずは，リフティング問題と倒立振子問題を対象に，OpenAI Gym の中で運動方程式を用いて物体を動かしていた部分を物理エンジンに変更します．そして最後に，ロボットアームの問題に適用します．

なお，本節のプログラムは Raspberry Pi では動きません．

4.7.1 物理エンジン

できるようになること 物理エンジンの基本プログラムを知る

使用プログラム ode_test.py

物理エンジンとは，物体を登録するだけで物体の運動シミュレーションを手助けしてくれるものです．物体同士の衝突なども対応できるものが多くあります．物理エンジンにはいろいろな種類がありますが，本書では ODE（Open Dynamic Engine）を対象とします．ODE には簡易描画ライブラリが同梱されていますが，描画は OpenAI Gym の機能を使うこととして，物理演算の部分だけ利用します．なお，Linux，Mac の Python3 系のライブラリは用意されておりません．そのため，Python2 系を使う必要があります．

インストールは次のように行います．

1. Windowsの場合

https://www.lfd.uci.edu/~gohlke/pythonlibs/#odeにアクセスして，ode-0.15.2-cp36-cp36m-win_amd64.whlをダウンロードします．ダウンロードしたファイルを置いたディレクトリで，次のコマンドを実行し，ODEをインストールします．

```
$ pip install ode-0.15.2-cp36-cp36m-win_amd64.whl
```

2. Linux，Macの場合

次のコマンドを実行します．

```
$ sudo apt install python-tk
$ sudo apt install python-pip
$ sudo python -m pip install --upgrade pip
$ sudo python -m pip install matplotlib
$ sudo python -m pip install chainer==4.0.0
$ sudo python -m pip install chainerrl==0.3.0
$ sudo apt install python-pyode
```

3. RasPiの場合

Linuxと同じコマンドでインストールはできますが，実行はできません．

4.7.2 プログラムの実行

インストールの確認として，プログラムを実行してみましょう．ode_test.pyがあるディレクトリで次のコマンドを実行します．Linux，MacもPython2系を使うため，同じコマンドを利用します．

- Windows（Python2系，3系），Linux，Mac（Python2系）の場合：

```
$ python ode_test.py > test.txt
```

このプログラムでは，y方向（鉛直方向）に2 mの高さから，(20, 10) m/sの速度で球を打ち出して，その軌跡を物理エンジンで解くことを行っています．リスト4.6のlifting.pyのように時間刻みで位置を更新することは行っていません．

実行後，test.txt が生成されます．その中身を Excel などにコピーしてグラフにすると**図 4.10** のようになり，ボールが放物線を描いて落ちていく様子がわかります．この図中の黒い太い線がシミュレーションによって得られた得られた軌跡で，灰色の細い線は運動方程式を解いて得られた式 (4.1) の理論軌跡です．なお，時間刻みを設定する部分があるのですが，それを大きくするとシミュレーションは速くなるものの，理論値とのずれが大きくなります．

$$
\begin{aligned}
x &= 20t \\
y &= -\frac{1}{2}9.81t^2 + 10t + 2
\end{aligned}
\tag{4.1}
$$

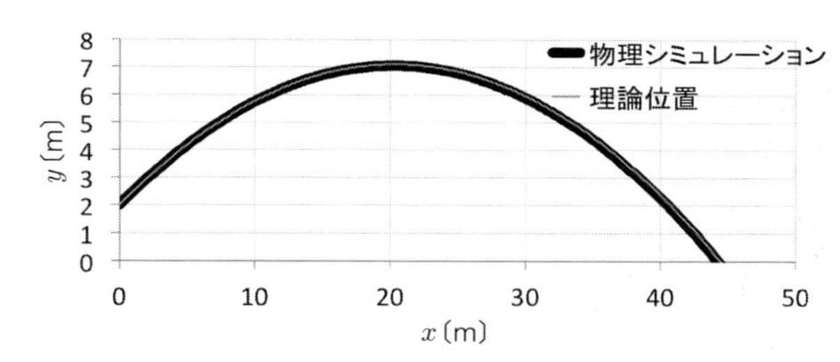

図 4.10　物理エンジンを用いたボールの打ち出しシミュレーション

4.7.3 プログラムの説明

プログラムを**リスト 4.13** に示します．これを例に，ODE の基本的な使い方の説明を行っておきます．

リスト 4.13　物理エンジン ODE を使った投げたボールの軌跡計算：ode_test.py

```
 1  # -*- coding: utf-8 -*-
 2  import ode
 3  
 4  world = ode.World()
 5  world.setGravity( (0,-9.81,0) )
 6  
 7  body = ode.Body(world)
 8  M = ode.Mass()
 9  M.setSphere(2500.0, 0.05)
10  M.mass = 1.0
11  body.setMass(M)
12  
```

```
13 body.setPosition( (0,2,0) )
14 body.setLinearVel( (20,10,0) )
15
16 total_time = 0.0
17 dt = 0.01
18 while total_time<3.0:
19     x,y,z = body.getPosition()
20     u,v,w = body.getLinearVel()
21     print(total_time,'\t', x,'\t', y,'\t', z,'\t', u,'\t',v,'\t', w,sep='')
22     world.step(dt)
23     total_time+=dt
```

- まず，ode ライブラリのインストールのインポートを行います（2 行目）.
- そして 4 行目では，ODE を動かすための world を生成します.
- 生成した world に 5 行目で重力を設定します.
- 物体は 7〜11 行目で設定します．ここでは球を設定していますが，立方体なども設定できます.
- 物体と初期位置と初期速度は 13，14 行目で設定しています．設定が終わったら，ループによって規定時間だけ繰り返します.
- 物理演算は 22 行目の world.step（刻み時間）で行います.

このように，物体の設定をするだけで運動方程式を解かずに物体の落下をシミュレーションできることがわかります.

4.8 物理エンジンのリフティング問題への適用

できるようになること　物理エンジンをリフティング問題へ組み込むことで物理エンジンの使い方を知る

使用プログラム　lifting_DQN_ODE.py

4.5 節のリフティング問題に物理エンジンを組み込んで，運動方程式を解かずにシミュレーションする方法を示します．リフティング問題の運動はボールの落下と跳ね返りだけですので，リスト 4.10 の一部を利用することとします．4.5 節ではリフティング問題をシミュレーションするためにリスト 4.6 に示した lifting.py を作りましたが，この節ではそれを変更した lifting_ode.py を作ります.

lifting_ode.py をリスト 4.16 に示します．物理エンジンを組み込んだ最初の例ですのでプログラムの全文を示します．実行するファイルとしては，lifting_DQN.py の中の ID を次のように変更した lifting_DQN_ODE.py を用います．

```
env = gym.make('LiftingODE-v0')
```


なお，ディレクトリ構造は次のようになっています．

```
lifting_DQN_ODE.py
myenv──┬─__init__.py
       └─env──┬─__init__.py
              └─lifting_ode.py
```

そして，2 つの __init__.py は**リスト 4.14**，**リスト 4.15** のようにします．

リスト 4.14 myenv/__init__.py

```
1 from gym.envs.registration import register
2 
3 register(
4     id='LiftingODE-v0',
5     entry_point='myenv.env:LiftingODEEnv',
6 )
```

リスト 4.15 myenv/env/__init__.py

```
1 from myenv.env.lifting_ode import LiftingODEEnv
```

そして，**リスト 4.16** に示す lifting_ode.py を myenv/env/ の下に作成します．

以上のようにすることで，4.5 節のシミュレーションと同様の実行が行われます．ただし，運動方程式を解くよりもずっと時間がかかるようになります．

実行は次のコマンドで行います．

- Windows（Python2 系，3 系），Linux，Mac（Python2 系）の場合：

```
$ python lifting_DQN_ODE.py
```

なお，表示は**図 4.11** のようになります．4.5 節のシミュレーションとまったく同じではありませんが，行っていることは同じです．

図 4.11 リフティング問題（物理シミュレータバージョン）

リスト 4.16 リフティング問題の ODE 版：myenv/env/lifting_ode.py

```
 1 import logging
 2 import math
 3 import gym
 4 from gym import spaces
 5 from gym.utils import seeding
 6 import numpy as np
 7 
 8 import ode
 9 
10 logger = logging.getLogger(__name__)
11 
12 world = ode.World()
13 world.setGravity( (0,-9.81,0) )
14 
15 body1 = ode.Body(world)
16 M = ode.Mass()
17 M.setBox(250, 1, 0.2, 0.1)
18 M.mass = 1.0
19 body1.setMass(M)
20 
21 body2 = ode.Body(world)
22 M = ode.Mass()
23 M.setSphere(25.0, 0.1)
```

```
24 M.mass = 0.01
25 body2.setMass(M)
26 
27 j1 = ode.SliderJoint(world)
28 j1.attach(body1, ode.environment)
29 j1.setAxis( (1,0,0) )
30 
31 space = ode.Space()
32 Racket_Geom = ode.GeomBox(space, (1, 0.2, 0.1))
33 Racket_Geom.setBody(body1)
34 Ball_Geom = ode.GeomSphere(space, radius=0.05)
35 Ball_Geom.setBody(body2)
36 contactgroup = ode.JointGroup()
37 
38 Col = False
39 
40 def Collision_Callback(args, geom1, geom2):
41     contacts = ode.collide(geom1, geom2)
42     world, contactgroup = args
43     for c in contacts:
44         c.setBounce(1) # 反発係数
45         c.setMu(0)     # クーロン摩擦係数
46         j = ode.ContactJoint(world, contactgroup, c)
47         j.attach(geom1.getBody(), geom2.getBody())
48         global Col
49         Col=True
50 
51 class PingPongTestODEEnv(gym.Env):
52     metadata = {
53         'render.modes': ['human', 'rgb_array'],
54         'video.frames_per_second' : 50
55     }
56     def __init__(self):
57         self.Col = False
58         self.gravity = 9.8
59         self.cartmass = 1.0
60         self.cartwidth = 0.5#2# 1#
61         self.carthdight = 0.25
62         self.cartposition = 0
63         self.ballPosition = 1#2.4
64         self.ballRadius = 0.1#2.4
```

```
65         self.ballVelocity = 1
66         self.force_mag = 10.0
67         self.tau = 0.01  # seconds between state updates
68 
69         self.cx_threshold = 2.4
70         self.bx_threshold = 2.4
71         self.by_threshold = 2.4
72 
73         high = np.array([
74             self.cx_threshold,
75             np.finfo(np.float32).max,
76             self.bx_threshold,
77             self.by_threshold,
78             np.finfo(np.float32).max
79             ])
80 
81         self.action_space = spaces.Discrete(2)
82         self.observation_space = spaces.Box(-high, high)
83 
84         self._seed()
85         self.viewer = None
86         self._reset()
87 
88     def _seed(self, seed=None):
89         self.np_random, seed = seeding.np_random(seed)
90         return [seed]
91 
92     def _step(self, action):
93         assert self.action_space.contains(action), '%r (%s) invalid' %(action, 
   type(action))
94         force = self.force_mag if action==1 else -self.force_mag
95         reward = 0.0
96         space.collide((world, contactgroup), Collision_Callback)
97         body1.setForce( (force,0,0) )
98         world.step(self.tau)
99         contactgroup.empty()
100        bx,by,bz = body2.getPosition()
101        bu,bv,bw = body2.getLinearVel()
102        rx,ry,rz = body1.getPosition()
103        ru,rv,rw = body1.getLinearVel()
104        self.state = (rx,ru,bx,by,bu)
```

```
105            done =  by < -0.2
106            done = bool(done)
107
108            global Col
109            if Col:
110                Col = False
111                reward = 1.0
112
113            if bx > self.bx_threshold or bx < -self.bx_threshold:
114                body2.setLinearVel((-bu, bv, bw))
115
116            return np.array(self.state), reward, done, {}
117        def _reset(self):
118            body1.setPosition((0,0,0))
119            body1.setLinearVel((0,0,0))
120            body1.setForce((1,0,0))
121            body2.setPosition((0,self.ballPosition,0))
122            body2.setLinearVel((self.ballVelocity,0,0))
123            body2.setForce((0,0,0))
124            Col = False
125
126            rx,ry,rz = body1.getPosition()
127            ru,rv,rw = body1.getLinearVel()
128            bx,by,bz = body2.getPosition()
129            bu,bv,bw = body2.getLinearVel()
130            self.state = (rx,ru,bx,by,bu)
131            self.steps_beyond_done = None
132            self.by_dot = 0
133            return np.array(self.state)
134
135        def _render(self, mode='human', close=False):
136            if close:
137                if self.viewer is not None:
138                    self.viewer.close()
139                    self.viewer = None
140                return
141
142            screen_width = 600
143            screen_height = 400
144            world_width = self.cx_threshold*2
145            scale = screen_width/world_width
```

```
146         cartwidth = self.cartwidth*scale#50.0
147         cartheight = 30.0
148 
149 
150         if self.viewer is None:
151             from gym.envs.classic_control import rendering
152             self.viewer = rendering.Viewer(screen_width, screen_height)
153 
154             l = 1/2*scale
155             h = 0.2/2*scale
156             ball1 = rendering.FilledPolygon([(-l,h), (l,h), (l,-h), (-l,-h)])
157             self.balltrans1 = rendering.Transform()
158             ball1.add_attr(self.balltrans1)
159             ball1.set_color(.5,.5,.5)
160             self.viewer.add_geom(ball1)
161 
162             l = 1*scale
163             h = 0.1/2*scale
164             ball2 = rendering.make_circle(0.1*scale)
165             self.balltrans2 = rendering.Transform(translation=(0, 0))
166             ball2.add_attr(self.balltrans2)
167             ball2.set_color(0,0,0)
168             self.viewer.add_geom(ball2)
169 
170         if self.state is None: return None
171 
172         x1,y1,z1 = body1.getPosition()
173         x2,y2,z2 = body2.getPosition()
174         self.balltrans1.set_translation(x1*scale+screen_width/2.0,
    0*scale+screen_height/2.0)
175         self.balltrans2.set_translation(x2*scale+screen_width/2.0,
    y2*scale+screen_height/2.0)
176 
177         return self.viewer.render(return_rgb_array = mode=='rgb_array')
```

それでは物理エンジンを組み込む方法を説明します．ここからは，リスト4.16のlifting_ode.pyについて，設定，実行，表示，その他に分けて説明します．

1. 設定

物理エンジンの設定はどこからでも参照できるようにグローバルな変数として定義します.

まず, 15〜25 行目でボール（球）とラケット（直方体）を作ります. これはリスト 4.10 の物体の設定と同様です.

ラケットは横方向にしか動きませんので, スライダージョイント設定を行います. これにより, そのスライダージョイントに沿った 1 次元の運動に拘束できます（27〜29 行目）. これはちょうど**図 4.12** に示すようなイメージとなります.

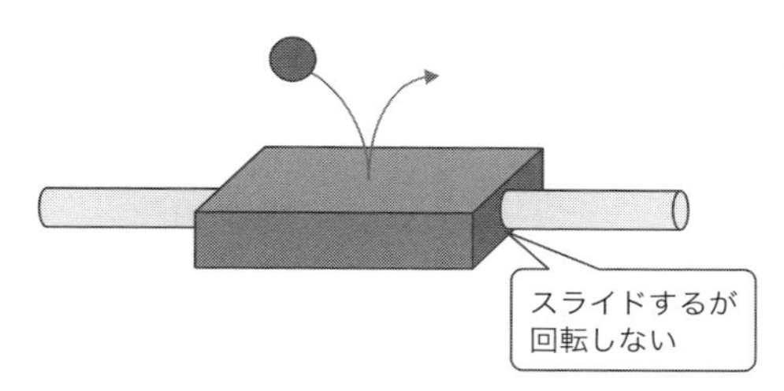

図 4.12　リフティング問題の接続イメージ

今回はボールとラケットの衝突をシミュレーションする必要があります. これは 31〜36 行目で設定し, 40〜49 行目の Collision_Callback 関数で検出しています. この Collision_Callback 関数の中で物体の反発係数や摩擦係数を設定します. ここでは完全弾性をシミュレーションするので, 反発係数を 1 としています（44 行目）.

ここまでで物理シミュレーションを行うための設定が終わりました.

2. 実行

_step メソッドの中を変更します. 4.5 節では運動方程式を解いていたので, その部分を丸ごと変更します. まず動作方向の力の向きを 94 行目で決めています. これは 4.5 節と同じです.

物理シミュレータでリフティング問題を実現するのに必要な部分は次の 4 行となります.

- 96 行目：衝突検知を行います. これは衝突をシミュレーションするときのみ必要です.

- 97 行目：物体に与える力の設定を行います．これは運動方程式を解くときでも同じように力を設定していました．
- 98 行目：設定した刻み時間だけ時間を進めたシミュレーションを行います．
- 99 行目：衝突検知の後処理を行います．これは衝突をシミュレーションするときのみ必要です．

その後の 100〜106 行目では深層強化学習で必要となる状態（self.state）と終了フラグ（done）の設定をしています．さらに，109〜111 行目で報酬（reward）を与えています．なお，Col は衝突判定の Collision_Callback 関数の中で True としており，それを検出しています．

3. 表示

_render メソッドの中を変更します．ボールとラケットの位置の取得には専用の関数を使うこととなります．

4. その他

_reset 関数の中の初期化の方法が異なります．リスト 4.6 では直接変数に値を入れて初期化しましたが，物理エンジンを使う場合は関数で設定します（118〜123 行目）．

また，ボールを跳ね返すと報酬が得られるように設定していました．これはリスト 4.6 では _step メソッドの中で実行していました．速度が衝突したときに速度が反転する部分をプログラムの中に書いていたので，そのタイミングで報酬を与えればよく，簡単に設定できていました．一方，物理エンジンを使用する場合は，衝突したときの処理はコールバック関数の中で行われています．そのため，コールバック関数の中でフラグを立てて，そのフラグに従って報酬を設定することを行っています．具体的にはフラグとして Col という変数を使用しています．衝突判定を判定するコールバック関数の中で Col を True とし，_step メソッドの中で Col が True ならば報酬を設定してから再度 False に戻すことで，衝突時に報酬を与えるようにしています．

4.9 物理エンジンの倒立振子問題への適用

できるようになること 物理エンジンを倒立振子問題へ組み込むことで物理エンジンの使い方を知る

使用プログラム cartpole_DQN_ODE.py

図 4.13 に示す倒立振子を物理エンジンを使って作り，動作を計算して学習に用います．4.3 節で例に用いた倒立振子のファイルは次にあります．

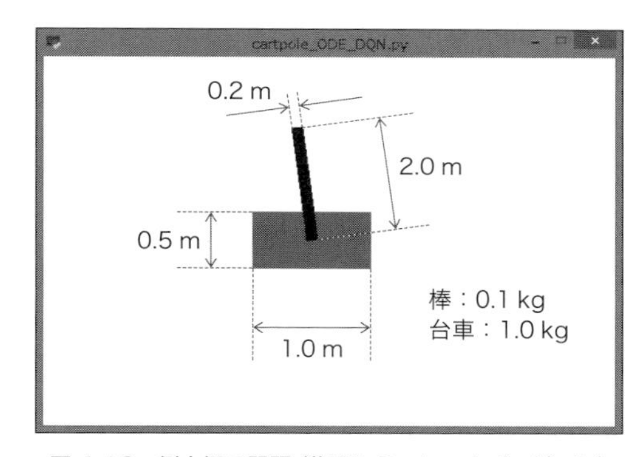

図 4.13　倒立振子問題（物理シミュレータバージョン）

- Windows の場合：
  `C:\Users\【ユーザ名】\Anaconda3\Lib\site-packages\gym\envs\classic_control\cartpole.py`
- Linux の場合：
  `/usr/local/lib/python2.7/dist-packages/gym/envs/classic_control/cartpole.py`
- Mac の場合：
  `/usr/local/lib/python2.7/site-packages/gym/envs/classic_control/cartpole.py`
  あるいは
  `/Library/Python/2.7/site-packages/gym/envs/classic_control/cartpole.py`

これは ChainerRL をインストールしたときに生成されるファイルです．このファイルの中にある運動方程式を解いてシミュレーションする部分を物理エンジンに変更します．ここでは次のようなディレクトリ構造となるようにファイルを作ります．

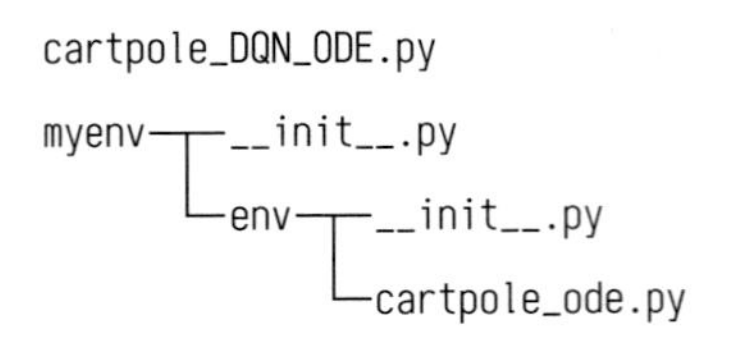

なお，2つの __init__.py は**リスト 4.17**，**リスト 4.18** のようにします．

リスト 4.17 myenv/__init__.py

```
from gym.envs.registration import register

register(
    id='CartPoleODE-v0',
    entry_point='myenv.env:CartPoleODEEnv',
)
```

リスト 4.18 myenv/env/__init__.py

```
from myenv.env.cartpole_ode import CartPoleODEEnv
```

そして，cartpole_DQN_ODE.py は cartpole_DQN.py の中の ID を次のように変更したものとします．

```
env = gym.make('CartPoleODE-v0')
```

cartpole_ode.py は gym ディレクトリの下にある cartpole.py からコピーしたものを基に変更しています．cartpole.py は本書では説明していませんが，リフティング問題を理解していれば難しくないと思います．ここでは 4.8 節と同様に，cartpole_ode.py を対象として，設定，実行，表示，その他の順に説明します．なお，台車の大きさとヒンジの位置，棒の長さなどは図 4.13 に示す通りとしました．

1. 設定

物体の設定を**リスト 4.19** に示します.

台車は body1 として設定しています (4〜10 行目). そしてリスト 4.16 と同様に台車をスライダージョイントで往復運動のみに拘束しています (19〜21 行目). 棒は body2 として 12〜17 行目で設定しています. これは台車 (body1) にヒンジジョイント (回転のみできるジョイント) で拘束しています (23〜26 行目).

リスト 4.19 倒立振子問題へ ODE を組み込む (設定) : myenv/env/cartpole_ode.py の一部

```
1  world = ode.World()
2  world.setGravity((0,-9.81,0))
3  
4  body1 = ode.Body(world)
5  M = ode.Mass()
6  M.setBox(250, 1, 0.5, 0.1)
7  M.mass = 1.0
8  body1.setMass(M)
9  body1.setPosition((0,0,0))
10 body1.setForce((1,0,0))
11 
12 body2 = ode.Body(world)
13 M = ode.Mass()
14 M.setBox(2.5, 0.2, 2, 0.2)
15 M.mass = 0.1
16 body2.setMass(M)
17 body2.setPosition((0,0.5,0))
18 
19 j1 = ode.SliderJoint(world)
20 j1.attach(body1, ode.environment)
21 j1.setAxis( (1,0,0) )
22 
23 j2 = ode.HingeJoint(world)
24 j2.attach(body1, body2)
25 j2.setAnchor( (0,0,0) )
26 j2.setAxis( (0,0,1) )
```

2. 実行

台車は左右にのみ動くため, 4.8 節のラケットと同じ動作となります. 学習には台車の位置と速度, 棒の角度と角速度が必要となります. これは**リスト 4.20** のようにして学習に必要なパラメータを作っています.

また,報酬は設定した角度の範囲内に棒が立っていれば毎ステップ与えることとしています.これはサンプルプログラムにある cartpole.py と同じとしています.

リスト 4.20 倒立振子問題へ ODE を組み込む(状態の取得):myenv/env/cartpole_ode.py の一部

```
 1  x = body1.getPosition()[0]
 2  v = body1.getLinearVel()[0]
 3  a = math.asin(body2.getRotation()[1])
 4  w = body2.getAngularVel()[2]
 5
 6  done =  x < -self.x_threshold \
 7          or x > self.x_threshold \
 8          or a < -self.theta_threshold_radians \
 9          or a > self.theta_threshold_radians
10  done = bool(done)
11
12  reward = 0.0
13  if not done:
14      reward = 1.0
15
16  self.state = (x,v,a,w)
17
18  return np.array(self.state), reward, done, {}
```

3. 表示

台車の表示はリスト 4.16 と同様です.ここでは棒の表示だけ**リスト 4.21** に示します.ポイントは棒の回転中心をヒンジジョイントの位置にしている点(4 行目)と,その点が台車とともに動く点(6 行目)です.

リスト 4.21 倒立振子問題へ ODE を組み込む(棒の表示):myenv/env/cartpole_ode.py の一部

```
1  l = 1*scale
2  h = 0.1/2*scale
3  ball2 = rendering.FilledPolygon([(0,h), (l,h), (l,-h), (0,-h)])
4  self.balltrans2 = rendering.Transform(translation=(0, 0))
5  ball2.add_attr(self.balltrans2)
6  ball2.add_attr(self.balltrans1)
```

```
7  ball2.set_color(0,0,0)
8  self.viewer.add_geom(ball2)
9
10 x1,y1,z1 = body1.getPosition()
11
12 self.balltrans2.set_rotation(math.asin(body2.getRotation()[1])+3.14/2)
```

4. その他

_reset 関数の中に記述する初期化のための処理はリストをリスト 4.16 と同様ですが，注意すべきポイントは**リスト 4.22** のように角度と角速度も初期化する必要がある点です．

リスト 4.22 倒立振子問題へ ODE を組み込む（リセット）：myenv/env/cartpole_ode.py の一部

```
1 self.state = (0,0,0,0)
2 body1.setPosition((0,0,0))
3 body1.setLinearVel((0,0,0))
4 body1.setForce((1,0,0))
5 body2.setPosition((0,0.5,0))
6 body2.setLinearVel((0,0,0))
7 body2.setForce((0,0,0))
8 body2.setQuaternion((1,0,0,0))
9 body2.setAngularVel((1,0,0,0))
```

4.10 ロボットアーム問題への適用

できるようになること 物理エンジンをロボットアーム問題へ組み込むことで物理エンジンの使い方を知る

使用プログラム RobotArm_DQN_ODE.py

これまで取り上げていなかった新しい問題として，図 4.9 に示したようなロボットアームを動かして箱を所定の場所へ移動することを深層強化学習で行います．箱とロボットアームの衝突があるため，運動方程式で解くことは難しい問題です．そのため，物理エンジンによるシミュレーションが威力を発揮します．問題を簡単にするために，図 4.9 を真上から見ることで**図 4.14** のようにして，問題を次のようにします．

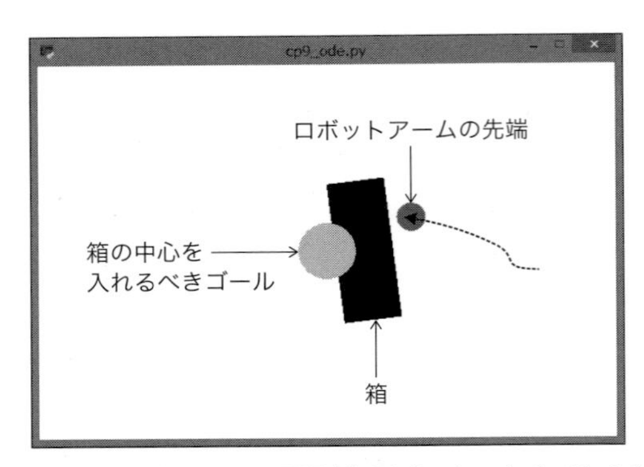

図 4.14 ロボットアーム問題（物理シミュレータバージョン）

- ロボットアームは箱を押す部分だけ考え，それにつながるアームの挙動は考えません．また，高さも考えません．これにより，丸い棒が4方向に動くことをシミュレーションすればよくなります．
- 箱の中心から画面の中心までの距離が一定以下となったら成功とします．これは箱の中心が図4.14の薄い色の円の範囲に入ったときとします．
- 箱の初期位置，初期角度は毎回同じとし，ロボットアームの初期位置も同じとします．
- ロボットアームが中央付近を押したら範囲内に入るように，初期位置として**図 4.15**のように置きます．

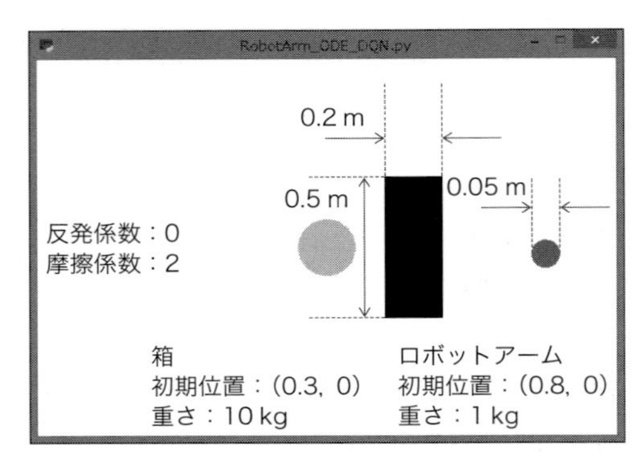

図 4.15 ロボットアーム問題の初期位置（物理シミュレータバージョン）

こんなに簡略化してしまうとおもしろくなくなったと感じるかもしれません．しかし，読者の皆様がこのプログラムを実際に試すには，30分程度で学習が終了するようにしたほうがよいと考えた結果です．短い時間で終わらせるためには，この程度の簡略化が必要となります．学習時間は長くなりますが，毎回箱の位置を変えたり，ゴールの条件を厳しくしたり（箱が完全にゴールに一致するなど）といった変更も可能です．

なお，箱の大きさや初期位置，ロボットアームの初期位置は図4.15に示す通りとします．

本節のプログラムは，次のようなディレクトリ構造となるようにします．

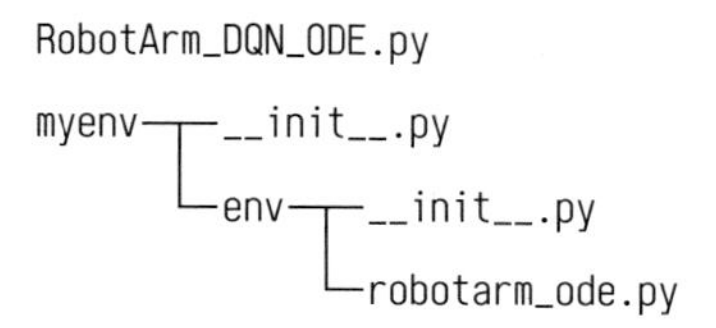

2つの__init__.pyは**リスト4.23**，**リスト4.24**のようにします．

リスト4.23 myenv/__init__.py

```
1 from gym.envs.registration import register
2 
3 register(
4     id='RobotArmODE-v0',
5     entry_point='myenv.env:RobotArmODEEnv',
6 )
```

リスト4.24 myenv/env/__init__.py

```
1 from myenv.env.robotarm_ode import RobotArmODEEnv
```

そして，RobotArm_DQN_ODE.pyはリスト4.2に示すcartpole_DQN.pyの中のIDを次のように変更したものとします．

```
1 env = gym.make('RobotArmODE-v0')
```

まず，シミュレーション条件を示します．

- 箱やロボットアームはxy平面を動くものとしました．
- 上下方向（z方向）には箱もロボットアームも動きませんので，地面を設定しました．
- ロボットアームの行動を上下左右の4方向としました．
- 学習に使用する状態は箱の位置（2次元）とロボットアームの位置（2次元）の4次元としました．

シミュレーションの終了条件は次の3点としました．

- 箱もしくはロボットアームがほぼ画面からはみ出たとき
- 箱の中心が画面の中央へ移動したとき
- 設定した時間が経過したとき

なお，報酬は箱が画面の中心へ移動したときのみとしました．

それでは robotarm_ode.py の説明を行います．説明はリスト4.16からの変更点の中で重要な部分のみとします．ここでも設定，実行，表示，その他の順に説明を行います．

1. 設定

箱とロボットアームの設定は**リスト4.25**としました．32行目で地面を設定しているのが新しい点となります．

リスト4.25 ロボットアーム問題へODEを組み込む（設定）：myenv/env/robotarm_ode.py の一部

```
 1 def Collision_Callback(args, geom1, geom2):
 2     contacts = ode.collide(geom1, geom2)
 3     world, contactgroup = args
 4     for c in contacts:
 5         c.setBounce(0) # 反発係数
 6         c.setMu(2)     # クーロン摩擦係数
 7         j = ode.ContactJoint(world, contactgroup, c)
 8         j.attach(geom1.getBody(), geom2.getBody())
 9         global Col
10         Col=True
11 
12 world = ode.World()
```

```
13  world.setGravity( (0,0,-9.81) )
14
15  body1 = ode.Body(world)
16  M = ode.Mass()
17  M.setSphere(25.0, 0.05)
18  M.mass = 1.0
19  body1.setMass(M)
20
21  body2 = ode.Body(world)
22  M = ode.Mass()
23  M.setBox(25, 0.2, 0.5, 0.2)
24  M.mass = 1.0
25  body2.setMass(M)
26
27  space = ode.Space()
28  Arm_Geom = ode.GeomSphere(space, radius=0.05)
29  Arm_Geom.setBody(body1)
30  Ball_Geom = ode.GeomBox(space, (0.2,0.5,0.2))
31  Ball_Geom.setBody(body2)
32  Floor_Geom = ode.GeomPlane(space, (0, 0, 1), 0)
33  contactgroup = ode.JointGroup()
```


2. 実行

実行部分は**リスト 4.26** としました．まず，動作が 4 種類ありますので，それぞれに対応した力を考えます．その力をロボットアームの力に設定して（3～14 行目），シミュレーションを行います（18 行目）．

その後，25～28 行目で終了条件に当てはまるかどうかを調べます．報酬は箱の中心が指定の範囲に入ったときのみ与えるとしています．

リスト 4.26 ロボットアーム問題へ ODE を組み込む（物理シミュレーション）：myenv/env/robotarm_ode.py の一部

```
1  def _step(self, action):
2      assert self.action_space.contains(action), '%r (%s) invalid' %(action,
   type(action))
3      if action==0:
4          fx = self.force_mag
5          fy = 0
6      elif action==1:
7          fx = 0
```

```
 8            fy = self.force_mag
 9        elif action==2:
10            fx = -self.force_mag
11            fy = 0
12        elif action==3:
13            fx = 0
14            fy = -self.force_mag
15
16        space.collide((world, contactgroup), Collision_Callback)
17        body1.setForce( (fx,fy,0) )
18        world.step(self.tau)
19        contactgroup.empty()
20        bx,by,bz = body2.getPosition()
21        rx,ry,rz = body1.getPosition()
22        self.state = (rx,ry,bx,by)
23        done =  False
24
25        if bx > self.x_threshold or bx < -self.x_threshold \
26         or by > self.y_threshold or by < -self.y_threshold \
27         or rx > self.x_threshold or rx < -self.x_threshold \
28         or ry > self.y_threshold or ry < -self.y_threshold:
29            done = True
30        reward = 0.0
31        if bx*bx+by*by<0.01:
32            done = True
33            reward = 1.0
```

3. 表示

箱とロボットアームの表示は**リスト 4.27** としました．箱はロボットアームが衝突する場所によって回転しますので，回転の設定も行っています（46〜49 行目）．

リスト 4.27 ロボットアーム問題へ ODE を組み込む（表示）：myenv/env/robotarm_ode.py の一部

```
1 def _render(self, mode='human', close=False):
2     if close:
3         if self.viewer is not None:
4             self.viewer.close()
5             self.viewer = None
6         return
```

```
 7
 8     screen_width = 600
 9     screen_height = 400
10     world_width = self.x_threshold*2
11     scale = screen_width/world_width
12     cartwidth = self.cartwidth*scale#50.0
13     cartheight = 30.0
14
15
16     if self.viewer is None:
17         from gym.envs.classic_control import rendering
18         self.viewer = rendering.Viewer(screen_width, screen_height)
19
20         ball1 = rendering.make_circle(0.05*scale)
21         self.balltrans1 = rendering.Transform()
22         ball1.add_attr(self.balltrans1)
23         ball1.set_color(.5,.5,.5)
24         self.viewer.add_geom(ball1)
25
26         l = 0.2/2*scale
27         h = 0.5/2*scale
28         ball2 = rendering.FilledPolygon([(-l,h), (l,h), (l,-h), (-l,-h)])
29         self.balltrans2 = rendering.Transform(translation=(0, 0))
30         ball2.add_attr(self.balltrans2)
31         ball2.set_color(0,0,0)
32         self.viewer.add_geom(ball2)
33
34         ball3 = rendering.make_circle(0.1*scale)
35         self.balltrans3 = rendering.Transform(translation=(screen_width/2.0,
   screen_height/2.0))
36         ball3.add_attr(self.balltrans3)
37         ball3.set_color(.8,.8,.8)
38         self.viewer.add_geom(ball3)
39
40     if self.state is None: return None
41
42     x1,y1,z1 = body1.getPosition()
43     x2,y2,z2 = body2.getPosition()
44     self.balltrans1.set_translation(x1*scale+screen_width/2.0,
   y1*scale+screen_height/2.0)
45     self.balltrans2.set_translation(x2*scale+screen_width/2.0,
   y2*scale+screen_height/2.0)
```

4

深層強化学習

```
46        if body2.getRotation()[1] < 0 :
47            self.balltrans2.set_rotation(math.acos(body2.getRotation()[0]))
48        else :
49            self.balltrans2.set_rotation(3.14 - math.acos(body2.getRotation()[0]))
50
51        return self.viewer.render(return_rgb_array = mode=='rgb_array')
```

4.11 ほかの深層強化学習方法への変更

できるようになること ほかの深層強化学習の手法に応用できる

使用プログラム cartpole_DDQN.py，cartpole_DQN_Pri.py，cartpole_DDQN_Pri.py，SpaceInvarders_DDPG.py，SpaceInvarders_A3C.py

本書では，深層強化学習の手法として，主にディープQネットワーク（DQN）を扱っていますが，そのほかにも多くの学習手法（拡張手法）が開発されています．本章の最後に，それらの一部を紹介するとともに，DQNと異なる学習方法に変更する方法を説明します．

4.11.1 深層強化学習の種類

ここでは深層強化学習の手法としてDouble DQN，Prioritized Experience Replay DQN，Deep Deterministic Policy Gradient，Asynchronous Advantage Actor-Criticを紹介します．

- **Double DQN（DDQN）**

  DQNでは行動を選択するためのネットワークと，行動を評価するためのネットワークが同じでしたが（Qネットワーク），これでは選択された行動が過大評価される（Q値が大きくなる）傾向にあります．それを抑えるために，前の時刻で学習していた別のQネットワークを使って行動を評価するようにしたのがDouble DQN（DDQN）です．DDQNのほうが学習が速く収束する傾向にあります．ChainerRLでもDDQNは実装されていますので，エージェントインスタンスを変更することで使うことができます．（参考文献：Hado van Hasselt, Arthur Guez, and David Silver. “Deep Reinforcement Learning with Double Q-Learning,” in Proc. AAAI 2016, pp.2094-2100, 2016.）

- **Prioritized Experience Replay DQN**

通常のDQNで使われているExperience Replayでは，蓄積された過去の行動経験をランダムに選択していましたが，これでは学習にあまり有用ではない経験が何度も選択されて学習の効率が悪くなるという問題があります．この問題に対処するため，取り出す経験に優先順位を付けて，優先度の高い経験をネットワークの学習に利用するのがPrioritized Experience Replay DQNです．優先順位にはTD（Temporal Difference）誤差を使います．TD誤差とは，想定される行動評価値と，実際に行動したときのその行動の評価値との誤差のことです．ChainerRLでもPrioritized Experience Replayは実装されています．なお，優先度付き行動経験はDQNのほかDDQNでも利用できます．（参考文献：Tom Schaul, John Quan, Ioannis Antonoglou, and David Silver. "Prioritized Experience Replay," in Proc. ICLR 2016, 2016.）

- **Deep Deterministic Policy Gradient（DDPG）**

DQNやDDQNでは，行動を選択するためのネットワークとQ値を求めるネットワークが同じでしたが，最近ではこれらを切り分けて学習する方法が主流になりつつあります．これはActor-Criticと呼ばれている強化学習手法です．そしてDDPGは，Actor-Criticの枠組みでDQNを拡張したものです．ある状態を入力したときの行動予測を行うネットワーク（政策関数またはポリシーネットワーク（policy network）と呼びます）とQ関数を独立に学習します．（参考文献：Timothy P. Lillicrap, Jonathan J. Hunt, Alexander Pritzel, Nicolas Heess, Tom Erez, Yuval Tassa, David Silver, and Daan Wierstra. "Continuous control with deep reinforcement learning," arXiv:1509.02971, 2015.）

- **Asynchronous Advantage Actor-Critic（A3C）**

比較的最新の手法で，3つの手法の頭文字をとってA3Cという名前となっています．DQNよりも速く学習が進み，性能がよいとされています．もちろんChainerRLでも実装されているので，比べてみるとよいかもしれません．まずAsynchronousは，複数のエージェントを用意し，これらのエージェントが得た経験を使ってネットワークをオンライン（時系列）で学習することを指します（Experience Replayは使いません）．したがって，Long Short-Term Memory（LSTM）などの再帰型ニューラルネットワークがうまく適用できます．次はAdvantageです．DQNでは1ステップ先の行動を評価していましたが，この方法だと最適な行動をとるようにエージェントが収束するのに時間がかかってしまいます．そこで，A3Cではkステップ先（kは調整可能）までの行動を評価して，ネットワークを更新します．これにより，よりよいネットワークを速く学習できるようになります．最後のActor-Criticは，ある状態を入力したときの行動予測を行うポリシーネットワークとその状態の価値を推定するネットワーク（価値関数またはバリューネットワーク（value network）と呼びます）を独立に学習するものです．（参考文献：Volodymyr Mnih, Adrià Puigdomènech Badia, Mehdi Mirza, Alex Graves, Timothy P. Lillicrap, Tim Harley, David Silver, and Koray Kavukcuoglu. "Asynchronous Methods for Deep Reinforcement Learning," in Proc. ICML 2016, pp.1928-1937, 2016.）

4.11.2 Double DQNへの学習方法の変更

倒立振子問題のディープQネットワーク版（cartpole_DQN.py）を，深層強化学習の一種であるDouble DQNを用いた学習ができるように変更する方法を紹介します．

これは，cartpole_DQN.pyの中で`chainerrl.agents.DQN`を`chainerrl.agents.DoubleDQN`とするだけで変更することができます．この変更を行ったサンプルプログラムをcartpole_DDQN.pyとしてありますので参照してください．

4.11.3 Experience Replay（経験再生）の変更

cartpole_DQN.pyでは「通常の」Experience Replayを使用していました．これを「優先度付き」Experience Replayを利用するように変更する方法を紹介します．この変更により，それまでに行ったエピソードをランダムに選ぶのではなく，優先度を付けて学習に効果的と考えられるエピソードを優先的に選ぶようになります．

これは，`chainerrl.replay_buffer.ReplayBuffer`を`chainerrl.replay_buffer.PrioritizedReplayBuffer`とするだけで変更できます．この変更を行ったサンプルプログラムをcartpole_DQN_Pri.pyとしてありますので参照してください．

さらにDouble DQNと組み合わせたサンプルプログラムをcartpole_DDQN_Pri.pyとしてあります．これらは本書で説明したサンプルよりも高度な方法を利用しているので，この変更によって，よりよい結果が出る場合があります．

4.11.4 DDPGへの学習方法の変更

OpenAI Gymのスペースインベーダーのディープ Q ネットワーク版 SpaceInvarders_DQN.pyを，深層強化学習アルゴリズムの1つであるDDPG (Deep Deterministic Policy Gradient) を用いて学習できるように変更する方法を紹介します．

DDPGはActor-Criticモデルですので2つのニューラルネットワーク，すなわちポリシーネットワークとバリューネットワークの2つが必要になります．これらのネットワークは基本的には同じ構造でも問題ありませんが，Q値を求めるバリューネットワークでは，状態だけではなく，状態に対してどういう行動をとったのかという情報も用いてQ値を推定します．そのため，次に示す**リスト4.28**の17行目にあるように．F.concatを用いてゲーム画面の畳み込み処理後のベクトルと行動を結合しています．DDPGの各ネットワークのセットアップでは，DQNと同様に各ネットワークをインスタンス化し，DDPGModelという関数を使って2つのネットワークを有するオブジェクトに変換しておきます．そしてオプティマイザのsetupはネットワークごとに行っておきます．あとはDQNのときと同様に，agentを作成して学習するだけです．

リスト4.28 スペースインベーダーのDDPG学習：SpaceInvarders_DDPG.pyの一部

```
 1  # DDPG学習におけるQ関数
 2  class QFunction(chainer.Chain):
 3      def __init__(self):
 4          super(QFunction, self).__init__()
 5          with self.init_scope():
 6              self.conv1 = L.Convolution2D(3, 16, (11,9), 1, 0)  # 1層目の畳み込
    み層（チャンネル数は16)
 7              self.conv2 = L.Convolution2D(16, 32, (11,9), 1, 0) # 2層目の畳み込
    み層（チャンネル数は32)
 8              self.conv3 = L.Convolution2D(32, 64, (10,9), 1, 0) # 2層目の畳み込
    み層（チャンネル数は64)
 9              self.l4 = L.Linear(14976, 1000) # 状態を1000次元に変換
10              self.l5 = L.Linear(1000+6, 1)   # 1000+6 (6は状態次元数)
11
12      def __call__(self, s, action):
```

```
13          h1 = F.max_pooling_2d(F.relu(self.conv1(s)), ksize=2, stride=2)
14          h2 = F.max_pooling_2d(F.relu(self.conv2(h1)), ksize=2, stride=2)
15          h3 = F.max_pooling_2d(F.relu(self.conv3(h2)), ksize=2, stride=2)
16          h4 = F.tanh(self.l4(h3)) # -1～+1に収める
17          h5 = F.concat((h4, action), axis=1) # 状態と行動を結合
18          return self.l5(h5) # 状態と行動からQ値を求める
19
20  （省略）
21
22  # DDPGに関するセットアップ部分
23      q_func = QFunction() # Q関数
24      policy = PolicyNetwork() # ポリシーネットワーク
25      model = DDPGModel(q_func=q_func, policy=policy)
26      optimizer_p = chainer.optimizers.Adam(alpha=1e-4)
27      optimizer_q = chainer.optimizers.Adam(alpha=1e-3)
28      optimizer_p.setup(model['policy'])
29      optimizer_q.setup(model['q_function'])
```

4.11.5 A3Cへの学習方法の変更

次に，スペースインベーダーを，A3C（Asynchronous Advantage Actor-Critic）を用いた学習ができるように変更する方法を紹介します．A3Cでは，Experience Replayは使わずに，エージェントが得た経験を使ってオンライン学習しますので，ネットワークの定義でLSTMなどの再帰型ネットワークが利用できます．

A3Cでも，DDPGと同様に，2つのニューラルネットワークすなわちポリシーネットワークとバリューネットワークを定義する必要があります．次に示す**リスト4.29**には2つのニューラルネットワークの定義を示しています．ゲーム画面のCNN処理は2つのネットワークで共有しておき，画像の畳み込み処理の出力を2つのネットワークに分岐させています．もちろん，完全に別のネットワークとして定義しても構いません．

A3Cでは複数個のエージェントを用意して並列に学習していきます．この処理をプログラミングするのは大変なので，ChainerRLでは複数エージェントの同期学習用のトレーナーが用意されています．本サンプルプログラムではリスト4.29の30～39行目に示すようにトレーナーを利用しています．

リスト 4.29 スペースインベーダーの A3C 学習：
SpaceInvarders_A3C.py の一部（畳み込みフィルタの変更）

```
def __init__(self):
    super(A3CLSTMSoftmax, self).__init__()
    with self.init_scope():
        self.conv1 = L.Convolution2D(3, 16, (11,9), 1, 0)  # 1層目の畳み込み層（チャンネル数は16）
        self.conv2 = L.Convolution2D(16, 32, (11,9), 1, 0) # 2層目の畳み込み層（チャンネル数は32）
        self.conv3 = L.Convolution2D(32, 64, (10,9), 1, 0) # 2層目の畳み込み層（チャンネル数は64）
        self.l4p = L.LSTM(14976, 1024)  # ポリシーネットワーク
        self.l4v = L.LSTM(14976, 1024)  # バリューネットワーク
        self.l5p = L.Linear(1024, 1024) # ポリシーネットワーク
        self.l5v = L.Linear(1024, 1024) # バリューネットワーク
        self.pi = chainerrl.policies.SoftmaxPolicy(L.Linear(1024, 6)) # ポリシーネットワーク
        self.v = L.Linear(1024, 1) # バリューネットワーク

def pi_and_v(self, state):
    state = np.asarray(state.transpose(0, 3, 1, 2), dtype=np.float32)
    h1 = F.max_pooling_2d(F.relu(self.conv1(state)), ksize=2, stride=2)
    h2 = F.max_pooling_2d(F.relu(self.conv2(h1)), ksize=2, stride=2)
    h3 = F.max_pooling_2d(F.relu(self.conv3(h2)), ksize=2, stride=2) # ここまでは共通
    h4p = self.l4p(h3)
    h4v = self.l4v(h3)
    h5p = F.relu(self.l5p(h4p))
    h5v = F.relu(self.l5p(h4v))
    pout = self.pi(h5p) # ポリシーネットワークの出力
    vout = self.v(h5v)  # バリューネットワークの出力
    return pout, vout

（省略）

# エピソードの試行＆強化学習スタート（トレーナーを利用）
chainerrl.experiments.train_agent_async(
        agent=agent,
        outdir=outdir,
        processes=n_process,
        make_env=make_env,
        profile=True,
```

```
36            steps=1000000,
37            eval_interval=None,
38            max_episode_len=num_episodes,
39            logger=gym.logger)
```

第5章 実環境への応用

ここまで学んできた深層強化学習は，第1章の図1.3に示したように実際のロボットに活用することのできる技術です．そこで本章では，実際にカメラで映像を撮ってそのデータを使ったり，サーボモータを動かしたりなど，実際の環境で使うときに必要となる技術を組み込んだ簡単な例を紹介します．

5.1 カメラで環境を観察する（MNIST）

できるようになること カメラ画像を取り込む

第2章の手書き数字認識の入力をカメラ画像に変えて，リアルタイムで手書き数字を認識させる方法を紹介します．深層強化学習の例ではありませんが，カメラ画像を使って深層学習を使う基本的な方法ですので，まずはここから説明していきます．

構成は**図5.1**のようになります．実行すると**図5.2**の画面が表示されます．中央に書かれた黒枠の中に認識させたい数字を合わせると，ターミナルに認識結果が表示されます．なお，図5.2の1から9までの数字は筆者がマジックで書いた数字です．

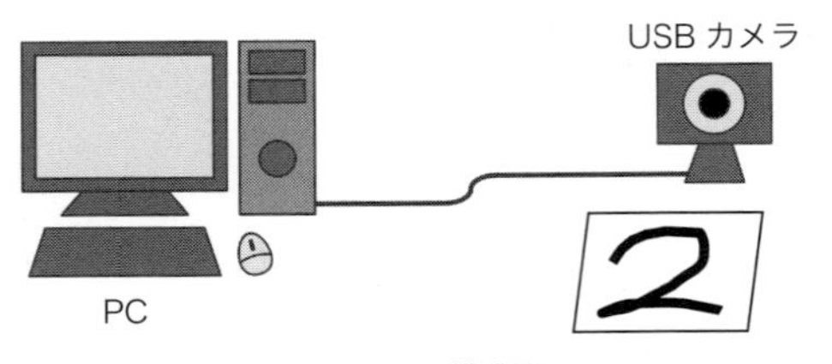

図 5.1　構成図

図 5.2　カメラ画像と分類結果

実際にやってみると，あまり認識率はよくありません．そこで，筆者が試して認識率が上がった方法を 2 つ紹介します．

1　**印刷物の数字を使う方法**
　しっかりした綺麗な字だと認識するようです．印刷しなくても，例えば MS-Word に書いた数字を画面に大きく表示して，それをカメラで撮影するだけでもよいです．

2　**解像度のよい画像で学習する方法**
　説明した方法では 8 × 8 の画像を用いて学習していました．5.1.3 項で紹介する方法を参考にして解像度のよい画像で学習すると認識率が上がります．

5.1.1 カメラの設定

使用プログラム camera_test.py

カメラをPythonから使うために，次のコマンドでOpenCVライブラリをインストールします．カメラは動作環境に依存するため，必ずしもこのインストールで動作するとは限りません．

- Windowsの場合：

```
$ conda install -c https://conda.binstar.org/jjhelmus opencv
```

- Linux，Mac，RasPi（Python2系，3系）の場合：

```
$ sudo apt install python-opencv
```

もしくは

```
$ sudo pip install opencv-python   (Python2系)
$ sudo pip3 install opencv-python  (Python3系)
```

インストールの確認のため，**リスト5.1**に示す簡単なプログラムを動かします．

リスト5.1 カメラの基本プログラム：camera_test.py

```
 1 # coding:utf-8
 2 import cv2
 3 
 4 cap = cv2.VideoCapture(0)
 5 while True:
 6     ret, frame = cap.read()
 7     gray = cv2.cvtColor(frame, cv2.COLOR_BGR2GRAY)
 8     cv2.imshow('gray', gray)
 9     if cv2.waitKey(10) == 115:
10         cv2.imwrite('camera.png', gray)
11     if cv2.waitKey(10) == 113:
12         break
13 cap.release()
```

実行は次のコマンドで行います．実行するとウインドウが表示され，カメラから得られた画像がディスプレイ上に表示されます．Sキーを押すとcamera.pngというファイル名で画像が保存されます．

- Windows（Python2系，3系），Linux，Mac，RasPi（Python2系）の場合：

```
$ python camera_test.py
```

- Linux，Mac，RasPi（Python3系）の場合：

```
$ python3 camera_test.py
```

なお，WindowsのVirtualBoxにUbuntu（Linux）をインストールした場合は以下のコマンドでOpenCVをインストールすると動作することがあります．

- WindowsのVirtualBox上のUbuntu

```
$ sudo pip3 install opencv-python
```

これが画像入力の基本となりますので，プログラムの説明をしておきます．

画像入力のためにcv2ライブラリ（OpenCVのライブラリ）をインポートします（2行目）．カメラから画像を取得するための準備を4行目で行っています．なお，cv2.VideoCaptureの引数がカメラの識別子となっていますので，例えばカメラが2つつながっている場合は0もしくは1を引数としてください．

その後，画像の読み込み（6行目），グレースケールに変換（7行目），画面表示（8行目），Sキー（115と比較）が押されたかどうかの確認（9行目）を繰り返します．Sキーが押されると，押されたときに表示していた画像がファイルに保存されます（10行目）．そしてQキーが押されるとwhileループを抜けて（11，12行目），カメラの終了処理を行って（13行目）終了します．

5.1.2 カメラ画像を畳み込みニューラルネットワークで分類

使用プログラム MNIST_CNN_camera.py，MNIST_CNN.py

カメラで撮った手書き数字画像を用いて数字を判別するプログラムを説明します．これには2.6節のMNIST_CNN.pyのニューラルネットワークの設定の部分の下に，**リスト5.2**をつなげます．OpenCVのライブラリのインポート宣言はプログラムの先頭に書くこともできます．

リスト 5.2 カメラ画像から数字の判定：MNIST_CNN_camera.py の一部

```
model = L.Classifier(MyChain(), lossfun=F.softmax_cross_entropy)
chainer.serializers.load_npz('result/CNN.model', model)

import cv2
cap = cv2.VideoCapture(0)

while True:
    ret, frame = cap.read()
    gray = cv2.cvtColor(frame, cv2.COLOR_BGR2GRAY)

    xp = int(frame.shape[1]/2)
    yp = int(frame.shape[0]/2)
    d = 40
    cv2.rectangle(gray, (xp-d, yp-d), (xp+d, yp+d), color=0, thickness=2)
    cv2.imshow('gray', gray)
    if cv2.waitKey(10) == 113:
        break
    gray = cv2.resize(gray[yp-d:yp + d, xp-d:xp + d],(8, 8))
    img = np.zeros((8,8), dtype=np.float32)
    img[np.where(gray>64)]=1
    img = 1-np.asarray(img,dtype=np.float32) # 反転処理
    img = img[np.newaxis, np.newaxis, :, :]  # 4次元行列に変換（1×1×8×8，バッチ数×チャンネル数×縦×横）
    x = chainer.Variable(img)
    y = model.predictor(x)
    c = F.softmax(y).data.argmax()
    print(c)

cap.release()
```

実行するにはまず，第2章のMNIST_CNN.pyを一度は実行して学習モデル（CNN.model）を作っておく必要があります．その学習モデルを使って入力画像の分類を行います．学習モデルはresultディレクトリの中に保存されています．そして，そのモデルを使って数字の分類を行います．ディレクトリ構造は次のようになります．

```
MNIST_CNN_camera.py
MNIST_CNN.py
result
  └─CNN.model
```

result ディレクトリの下に CNN.model がある状態で，次のコマンドを実行します．

● Windows（Python2 系，3 系），Linux，Mac，RasPi（Python2 系）の場合：

```
$ python MNIST_CNN_camera.py
```

● Linux，Mac，RasPi（Python3 系）の場合：

```
$ python3 MNIST_CNN_camera.py
```

実行すると図 5.2 のように表示されます．この中にある黒い枠の中が認識する領域であり，その中に数字を入れると認識します．

ただし簡単のため，数字以外のものが映っていても 0〜9 までのいずれかが答えとして得られます．また，学習画像のサイズが 8 × 8 ですので，あまり認識率が高いものは作れません．認識率を上げるには 5.1.3 項を参考にして解像度の高いデータを使って学習して CNN.model を作り直してください．

リスト 5.2 に示したプログラムの動作の説明を行います．画像の読み込み方と表示の仕方はリスト 5.1 で述べました．ここでは，学習済みモデルを読み込む方法，カメラ画像を入力画像に直す方法，その入力を使って分類結果を得る方法に焦点を当てます．

1. モデルの読み込み

1 行目で，学習時に用いたものと同じネットワークを使ってモデルを作成します．なお，MyChain クラスの中に描いたネットワークは学習時と同じ（MNIST_CNN.py と同じ）にしなければなりません．2 行目でそのモデルに学習済みモデルを読み込みます．

2. 入力画像への変換

学習に利用した数字画像のサイズは 8 × 8 ですので，入力画像も 8 × 8 のサイズに直す必要があります．カメラで撮れるサイズは 640 × 480 以上のものが多くあります．画面いっぱいに表示されるような大きくて太い手書き数字であればよいのですが，通常は**図 5.3**（a）のような大きさと太さになると思います．この場合，画像全体を縮小するとほとんど数字の部分がなくなってしまいます．

そこで，読み込んだ画像の中心部を切り出す操作をします．しかし 8 × 8 の画像を切り出そうとすると，今度は数字が映りません．そのため，図 5.3（b）のように 80 × 80 など切りのよい範囲を切り出してから縮小することとします．

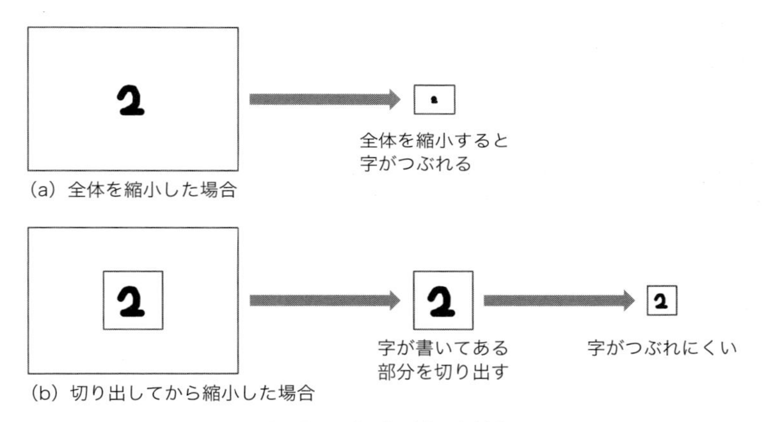

図 5.3　画像の切り出しと縮小

リスト 5.2 のプログラムでは，画像の中心座標を 11，12 行目で得て，そこを中心に上下左右に 40 ピクセルの範囲を切り出しています（14 行目）．切り出した画像を 18 行目で 8 × 8 の画像に縮小し，さらに 20 行目で画像の 2 値化を行っています．これは，カメラで撮影すると白い部分が灰色となり，よい結果が得られないためです．

その後，反転処理（21 行目）を行っています．これは学習した画像がもともと第 2 章の図 2.9 に示した反転画像となっているためです．そして，22 行目で入力データの形式に変換しています．

3. 分類結果の表示

その入力データを使って 24 行目の predictor 関数で分類を行い，その結果を 25 行目の softmax 関数に入れて 0〜9 までの数字に分類しています．

5.1.3 画像サイズが28×28の手書き数字を使って学習する

できるようになること 解像度の高い画像を使った学習

使用プログラム MNIST_Large_CNN.py, MNIST_Large_CNN_camera.py

本書では手書き数字としてscikit-learnライブラリの画像を使いましたが，この画像サイズは8×8と小さく，学習に使う画像も少ない（約2千枚）ため，認識率があまりよくありませんでした．そこで，より解像度が高く（画像サイズが28×28），大量（約7万枚）の手書き数字のデータ（MNIST）をダウンロードして使う方法を示します．

第2章のリスト2.7に示したMNIST_CNN.pyの18〜21行目に書かれた学習データとテストデータの設定を次の1行に置き換えることと入力画像の大きさの変更にともなってニューラルネットワークの設定を変更することで，28×28の手書き数字画像を学習することができます．このように書き換えたプログラムはMNIST_Large_CNNディレクトリのMNIST_Large_CNN.pyにあります．ただし，学習時間は増えます．

```
train, test = chainer.datasets.get_mnist(ndim=3)
```

これは28×28ピクセルデータを2次元で表現したデータで，256階調のグレースケール画像です．なお，ndim=1にすると1列に並んだデータになります．

カメラ画像での認識に関しては，リスト5.2の8と書いてある部分をすべて28に変えて，40としている部分を56（= 28×2）とすれば実行することができます．このように書き換えたプログラムはMNIST_Large_CNNディレクトリのMNIST_Large_CNN_camera.pyにあります．実行すると認識率がよくなっていることがわかると思います．

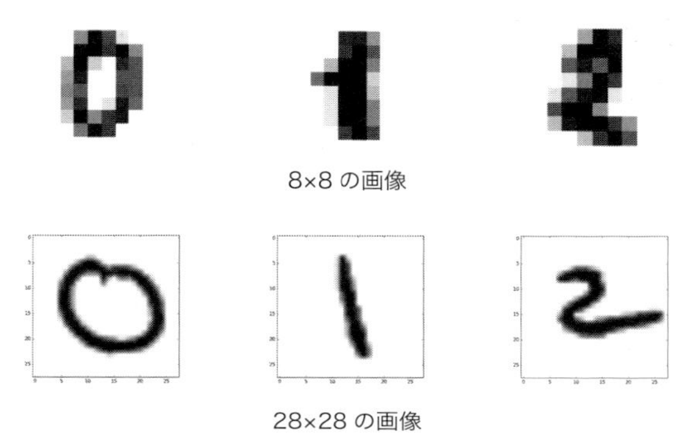

図 5.4　8 × 8 の画像と 28 × 28 の画像の比較

5.2 実環境でのネズミ学習問題

今度はカメラやマイコンを利用して，ネズミ学習問題を実際に動かしてみましょう．この問題は非常に単純ですので，実際に動作させる例題として適していると考えます．

以降で実際に動くモノを作るときに必要となる部品を**表 5.1** にまとめます．すべて秋月電子通商[注1] でそろいます．

表 5.1　部品表[注2]

部品名	型番	最大必要個数	価格〔円〕
Raspberry Pi	3 Model B	1	5200
Arduino	Uno Rev 3	1	2940
CdS センサ	GL5516	3	100（4 個入り）
RC サーボモータ	SG-90	2	400
抵抗	1 kΩ	1	100（100 本入り）
可変抵抗（半固定ボリューム）	10 kΩ	3	50
AC アダプタ（5V 2A）	GF12-US0520	1	650
ブレッドボード用 DC ジャック DIP 化キット	AE-DC-POWER-JACK-DIP	1	100
ブレッドボード		2	400
LED（赤色）	OS5RPM5B61A-QR	1	150（10 本入り）

注 1　http://akizukidenshi.com/

注 2　価格は本書執筆時点（2018 年 4 月）のものです．

可変抵抗はつまみが付いていてブレッドボードに刺さるものがお勧めです. LEDは光っていないときは透明で, 光ると赤くなるもののほうが認識しやすいです.

5.2.1 問題設定

問題設定を行います. 以降の節ではこの問題設定を使います.

ネズミ学習問題はとても単純な問題ですが, これを実際の機械に置き換えようとすると**図5.5**のようになります. 破線で囲んだ部分が自販機で, それ以外の部分がネズミです. 以降では, この構成でどのような学習をするのかを説明します. 本書ではこれを基にして, さらに単純化した問題を扱います. そして最後に図5.5の構成のときの動作を説明します.

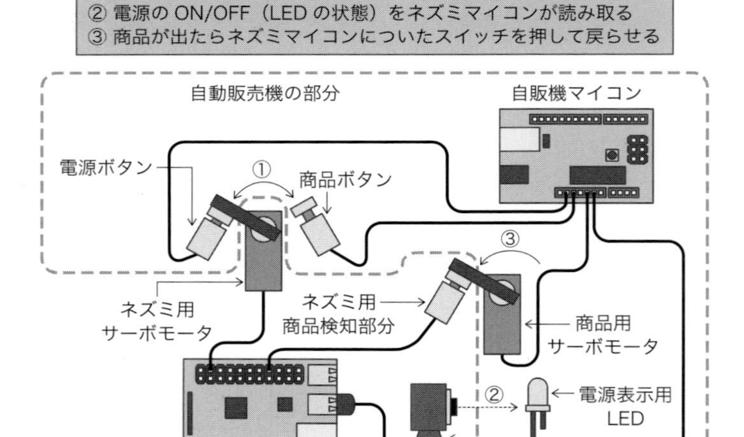

図5.5 ネズミ学習問題を実際のマイコンで再現する場合の構成

図5.5の構成では, 自販機の役割を担当するマイコン（自販機マイコン）と, ネズミの役割を担当するマイコン（ネズミマイコン）といった具合に2つのマイコンを使います.

自販機マイコンには電源ボタンと商品ボタンを取り付け, ネズミマイコンに取り付けたRCサーボモータを使ってこれらのボタンを押せるようにします（図

5.5 ①）．そして，自販機マイコンには電源 ON と OFF を示すための電源表示用 LED を付け，ネズミマイコンに付けたカメラでその LED の状態を観測します（図 5.5 ②）．

商品が出てきたことを模擬するために，自販機マイコンにも RC サーボモータを取り付けます．商品が出たらネズミマイコンに付いたスイッチを押し，それによりネズミマイコンは報酬を受け取ったことを知るという仕組みとします（図 5.5 ③）．

ネズミ学習問題は簡単な問題と紹介しましたが，この説明のように，実際に行おうとするとかなり労力のいる作業となります．また，図 5.5 の構成を普通に作ると，カメラで状態を確認するときに何回かに 1 回は失敗しますし，スイッチをうまく押せないこともあります．工作が得意な筆者でも，そのようになることがあります．そしてこういったハードウェアの不具合が多くあると，学習できているのかどうかわからなくなってしまいます．

そこで本書では次の 2 つの構成に絞り，問題を簡略化して説明します．

- 入出力
- カメラ入力

こうすることで本書の回路を試した読者の学習がうまくいくようにします．そして最後に，図 5.5 の構成とした場合の説明を行います．

最初に，入出力に焦点を当てた構成を考えます．ここではネズミの動作（出力）と自販機ボタンの処理（入力）だけをハードウェアで実現します．

図 5.5 の構成では，商品が出てきたことを RC サーボモータとスイッチで伝えていますが，電気信号だけを伝えるようにすれば簡単になります．商品が出てきたことを模擬する RC サーボモータとスイッチを省略して，その 2 つをつなぐことができるのです．

同様の考え方で，LED が光ってカメラで認識する部分も電気信号だけを伝えればよいため，カメラと LED を省略できます．さらに，2 つのマイコンを使わずに，1 つのマイコンにしたほうが簡単になります．その場合，電気的につないでいる部分は省略することができます．以上のように簡略化した構成は**図 5.6** のようになります．

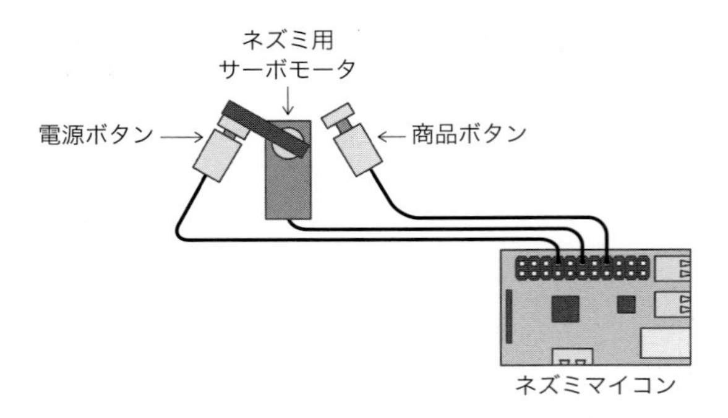

図 5.6 動作とスイッチ処理（入出力）に焦点を当てた構成

次に，カメラ入力に焦点を当てた場合の構成を考えます．入出力に焦点を当てた場合と同様に考えると，**図 5.7** のように簡略化できます．ここで必要なものはカメラと電源LEDだけとなり，マイコン内部で各スイッチを押したこととして学習を進めます．また，用意するのが大変なので，RCサーボモータも省略しています．

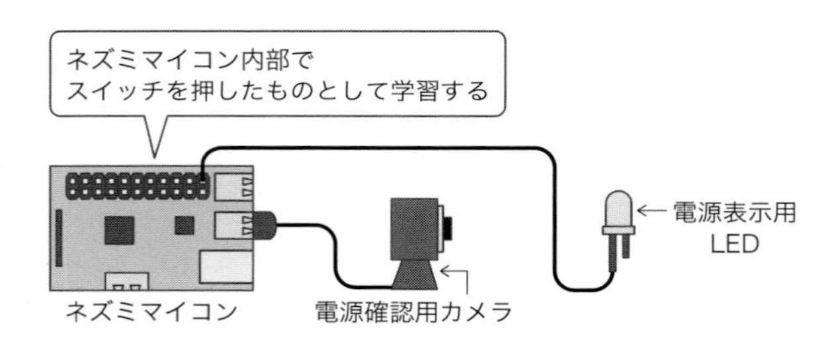

図 5.7 カメラでの観測に焦点を当てた構成

以降では図5.6，図5.7，図5.5の構成を実現することを順に説明します．これを実現するマイコンとして，Raspberry Pi（ラズベリーパイ）を使う場合と，Arduino（アルドゥイーノまたはアルディーノ）を使う場合の2種類を説明します．どちらも長所がありますので，それぞれの節で説明します．そして最後に，Raspberry PiとArduinoの両方を使って図5.5の構成を実現します．

5.3 Raspberry Pi でネズミ学習問題

できるようになること　Raspberry Pi を使って実際にモノを動かしながら学習する

まず本節では，Raspberry Pi（ラズベリーパイ）というマイコンを使って実現する方法を示します．

Raspberry Pi（**図 5.8**）は Linux が動作する小型のマイコンで，LED の点灯やスイッチの状態取得などをするためのポートをいくつか持っています．Raspberry Pi の内部では Linux が動いているので，Chainer や ChainerRL をインストールできます．さらに，USB カメラの入力を処理することもできます．そのため，深層強化学習でモノを動かすのに適しているマイコンです．ただし PC に比べると性能が低いので，あまり難しい学習はできません．

そのため，学習は PC で行い，その学習済みモデルを Raspberry Pi へコピーして使うことがよく行われています．学習済みモデルを用いて判別したりモノを動かしたりする小型マイコンは「エッジデバイス」と呼ばれています．

本節では，Raspberry Pi でサーボモータを動かしてスイッチの情報を基に LED を点灯と消灯をさせて深層強化学習を行うことと（5.3.2 項），カメラで LED を観測することで状態を取得して深層強化学習を行うこと（5.3.3 項）の 2 つを行います．

図 5.8　Raspberry Pi の外観

5.3.1 環境構築

Raspberry Pi に Chainer と ChainerRL をインストールします．Noobs（バージョン 2.7.0）を使用した場合，次のコマンドでインストールできました．Raspberry Pi の設定のいくつかは付録 A.2 にありますので参考にしてください．

```
$ sudo apt install python3-scipy
$ sudo pip3 install chainer==4.0.0
$ sudo pip3 install chainerrl==0.3.0
```

5.3.2 入出力に注目して簡略化

できるようになること Raspberry Pi でサーボモータを動かしてスイッチの状態を読み込みながら学習する

使用プログラム sensor_test.py，servo_test.py，skinner_DQN_motor.py

まずは RC サーボモータでスイッチを押す部分を作ります．これにより入力と出力を繰り返しながら深層強化学習を行う方法を示します．

ここでは図 5.6 の構成で実現します．説明ではスイッチとしましたが，サーボモータで直接スイッチを押すのは比較的難しい動作ですので，**図 5.9** に示すようにスイッチの代わりに明るさセンサ（CdS）を使うこととします．この明るさセンサは明るいときには 1 kΩ 程度の抵抗値になり，暗くなると 10 Ω 程度の抵抗値に下がる性質があります．そして，RC サーボモータには厚紙を取り付け，光をさえぎることでスイッチの代わりとします．

この回路図を**図 5.10** に示します．明るさセンサと可変抵抗を直列でつないで分圧電圧を読み取ることで，センサが隠れているか（暗いか）隠れていないか（明るいか）を判別します．この構成で作成した写真を**図 5.11** に示します．なお，Raspberry Pi でサーボモータを使うには設定が必要になります．付録 A.2 を参考に設定してください．

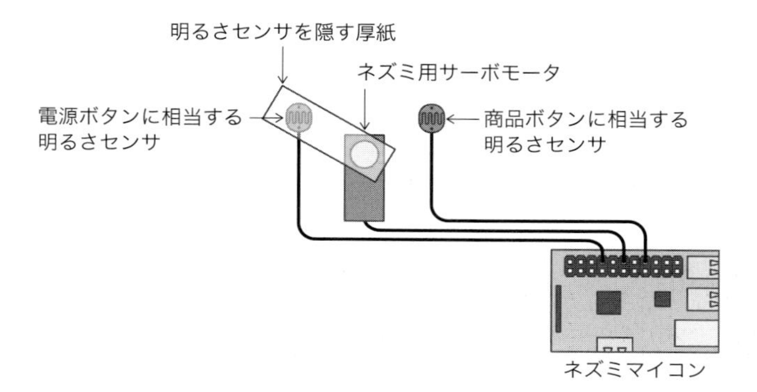

図 5.9 動作とスイッチ処理（入出力）に焦点を当てた構成

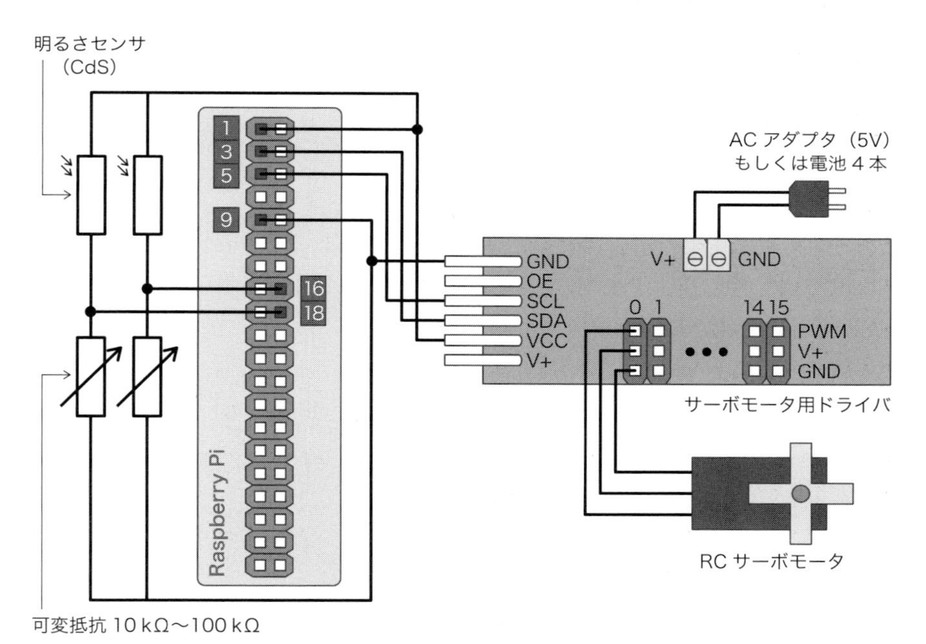

図 5.10 サーボモータを動かしてスイッチを入れるための回路図

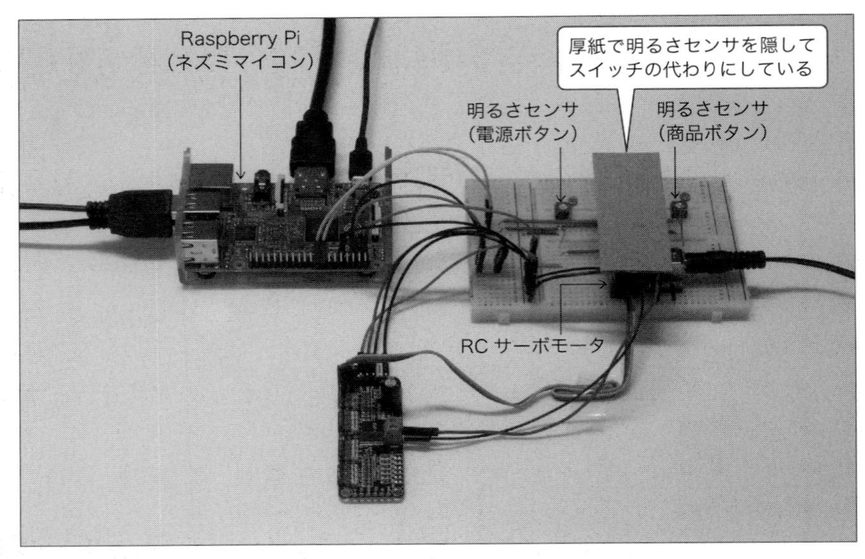

図 5.11 実験の写真

ここでは可変抵抗の値を調整して，光がさえぎられると0と認識するように調整する必要があります．まず，0.5秒おきに読み取った値を表示するプログラム（**リスト5.3**）を次のコマンドで実行します．

リスト5.3 明るさセンサの読み取り：sensor_test.py

```
1  # coding:utf-8
2  import time
3  import RPi.GPIO as GPIO
4  time.sleep(1)
5  
6  GPIO.setmode(GPIO.BOARD)
7  GPIO.setup(13, GPIO.IN)
8  GPIO.setup(15, GPIO.IN)
9  
10 while(1):
11     print(GPIO.input(13) + '\t' +GPIO.input(15))
12     time.sleep(0.5)
```

- RasPi（Python2 系）の場合：

```
$ python sensor_test.py
```

- RasPi（Python3 系）の場合：

```
$ python3 sensor_test.py
```

実行すると**ターミナル出力 5.1** が表示されます．光をさえぎらない状態のときに 1 となるように可変抵抗を回して調整します．その後，光をさえぎってから可変抵抗を回し，0 となるように調整します．光をさえぎったりさえぎらなかったりを繰り返しながら，ちょうどよい値を見つけます．可変抵抗は 2 つありますので両方とも調整します．

ターミナル出力 5.1　sensor_test.py の実行結果（明るさセンサの値の表示）

```
0  1
0  1
0  1
0  1
0  0
0  0
0  0
（以下続く）
```

次に，RC サーボモータの回転角度の調整を行います．これには**リスト 5.4** を使います．なお，このプログラムを使うための設定や説明は付録 A.2.3 を参考にしてください．

リスト 5.4　サーボモータのテスト：servo_test.py

```
1  # -*- coding: utf-8 -*-
2  import Adafruit_PCA9685
3
4  pwm = Adafruit_PCA9685.PCA9685()
5  pwm.set_pwm_freq(60)
6  while True:
7      angle = input('[200-600]:')
8      pwm.set_pwm(0,0,int(angle))
```

実行は次のコマンドで行います．

- RasPi（Python2 系）の場合：

```
$ python servo_test.py
```

- RasPi（Python3 系）の場合：

```
$ python3 servo_test.py
```

これを実行すると**ターミナル出力 5.2** のように [200-600]: と表示されますので，200 から 600 までの数を入れます．

ターミナル出力 5.2 servo_test.py の実行結果

```
[200-600]:300      ← 300を入力してEnter
[200-600]:
```

値を入力すると RC サーボモータが回転します．サーボホーン（RC サーボモータの回転部分の短い棒）に厚紙を取り付けて RC サーボモータを回転させながら，ちょうどよい回転角の値を探します．後に示すリスト 5.5 で，サーボモータを回転させている部分の値を探した値に変えます．ここまでで設定は終了です．

次に，学習プログラムについて簡単に説明しておきます．この構成で学習するためのプログラムは，4.2 節のリスト 4.1 に示した skinner_DQN.py の step 関数を変更したものです．ここで，実際のモノが動く部分のタイムチャートを**図 5.12** に示します．

このプログラムでは，RC サーボモータを回転させて 1 秒待ちます．これは RC サーボモータの回転終了を待つためです．次に，明るさセンサの値を読み取ります．そして RC サーボモータを初期角度に戻すため，回転させてから 1 秒待って回転終了を待ちます．学習については回転終了後に行います．

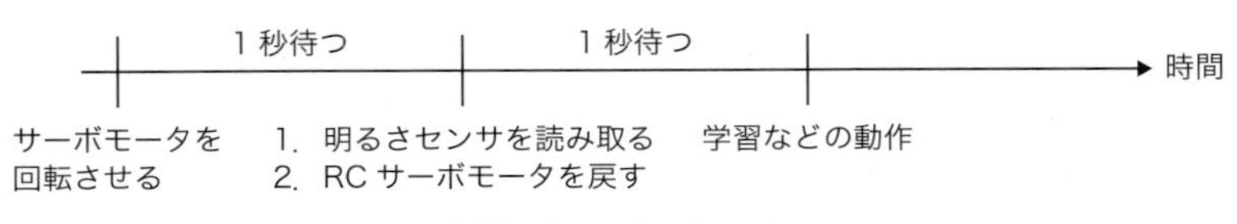

図 5.12 タイムチャート

では，変更した部分のリストをリスト5.5とリスト5.6に示します．

サーボモータを使うためには，設定として**リスト5.5**をプログラムの先頭に記述する必要があります．ここではサーボモータの設定（3行目，5〜7行目）のほかに，Raspberry Piのピンの入力設定（2行目，11〜13行目）も行っています．

リスト5.5 Raspberry Piを用いて入出力に焦点を当てたネズミ学習問題（サーボモータの設定）：skinner_DQN_motor.pyの一部

```
1  import time
2  import RPi.GPIO as GPIO
3  import Adafruit_PCA9685
4  
5  pwm = Adafruit_PCA9685.PCA9685()
6  pwm.set_pwm_freq(60)
7  pwm.set_pwm(0, 0, 375) # サーボモータを初期位置へ
8  time.sleep(1)
9  
10 # RasPi GPIO関係のセットアップ
11 GPIO.setmode(GPIO.BOARD)
12 GPIO.setup(13, GPIO.IN)
13 GPIO.setup(15, GPIO.IN)
```

次にサーボモータを実際に動かしている部分を**リスト5.6**に示します．ここで行っているのは

- サーボモータを回して，
- スイッチを読み，
- 状態を変え，
- 再度サーボモータを回して初期位置に戻す

という動作です．

例えば，電源OFF（state=0）で電源スイッチを押した（action=0）場合の処理はリスト5.6の5〜10行目に示されています．このプログラムでは375が初期角度，150と600のときがそれぞれの方向に回転したときの角度となっています．前述のservo_test.pyを用いて375，150，600に相当するちょうどよい値を見つけて書き直してから実行してください．

リスト 5.6 Raspberry Pi を用いて入出力に焦点を当てたネズミ学習問題（サーボモータの動作）：skinner_DQN_motor.py の一部

```
def step(state, action):
    reward = 0
    if state==0:
        if action==0:
            self.pwm.set_pwm(self.channel, 0, 150)
            time.sleep(1)
            if GPIO.input(20)==1:# 電源スイッチが入力されれば
                state = 1
            self.pwm.set_pwm(self.channel, 0, 375) # サーボモータを初期位置へ
            time.sleep(1)
        else:
            self.pwm.set_pwm(self.channel, 0, 600)
            time.sleep(1)
            state = 0
            self.pwm.set_pwm(self.channel, 0, 375) # サーボモータを初期位置へ
            time.sleep(1)
    else:
        if action==0:
            self.pwm.set_pwm(self.channel, 0, 150)
            time.sleep(1)
            if GPIO.input(20)==1:# 電源スイッチが入力されれば
                state = 0
            self.pwm.set_pwm(self.channel, 0, 375) # サーボモータを初期位置へ
            time.sleep(1)
        else:
            self.pwm.set_pwm(self.channel, 0, 600)
            time.sleep(1)
            if GPIO.output(22)==1:# 商品スイッチが入力されれば
                state = 1
            reward = 1
            self.pwm.set_pwm(self.channel, 0, 375) # サーボモータを初期位置へ
            time.sleep(1)
            GPIO.output(18, 0) # 商品LED OFF
    return np.array([state]), reward
```

次のコマンドで実行します．実行するとサーボモータが動きます．さらに，**ターミナル出力 5.3** のように表示されます．エピソード数が 20 回程度で学習が完了し，ネズミは常に餌を得ることができるようになります．結果はこれまでのネズ

ミ学習問題と同じですが，サーボモータが実際に動くと学習していることを体感できると思います.

● RasPi（Python2 系）の場合：

```
$ python skinner_DQN_motor.py
```

● RasPi（Python3 系）の場合：

```
$ python3 skinner_DQN_motor.py
```

ターミナル出力 5.3 skinner_DQN_motor.py の実行結果

```
(array([0]), 0, 0)
(array([1]), 0, 0)
(array([0]), 0, 0)
(array([1]), 1, 1)
(array([1]), 0, 0)
episode : 1 total reward 1
 （中略）
(array([0]), 0, 0)
(array([1]), 1, 1)
(array([1]), 1, 1)
(array([1]), 1, 1)
(array([1]), 1, 1)
episode : 20 total reward 4
```

5.3.3 環境をカメラで計測

できるようになること Raspberry Pi でカメラ入力を処理しながら学習する

使用プログラム camera_test.py，skinner_DQN_camera.py

情報をカメラで取得し，畳み込みニューラルネットワークを使って深層強化学習を行います．理想は実際の自販機を模して，図 5.5 のようにスイッチと LED をほかのマイコンで操作することです．しかしここでは簡略化して，**図 5.13** のようにします．回路図は LED を 1 つだけ付けた**図 5.14** となります.

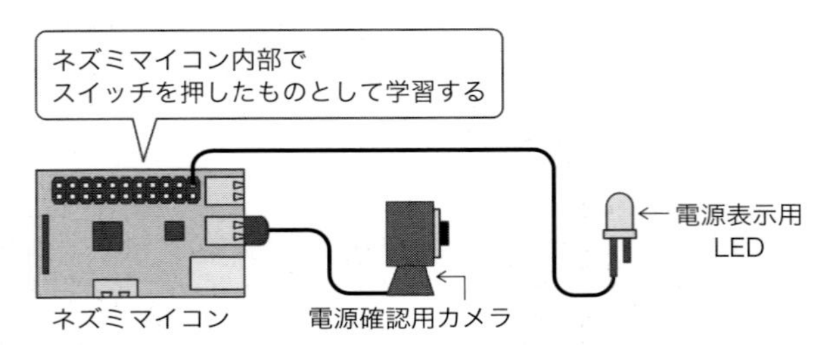

図 5.13　カメラでの観測に焦点を当てた構成（図 5.7 の再掲）

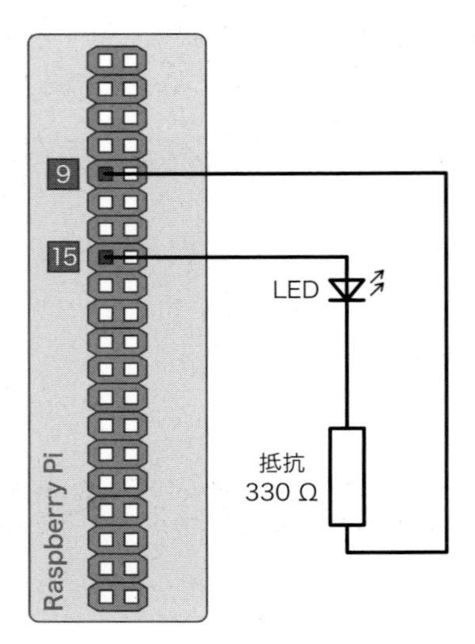

図 5.14　LED を光らせるための回路図

実際の配置では，**図 5.15** に示すように LED にカメラを近づけておいたほうが学習がうまくいきます．

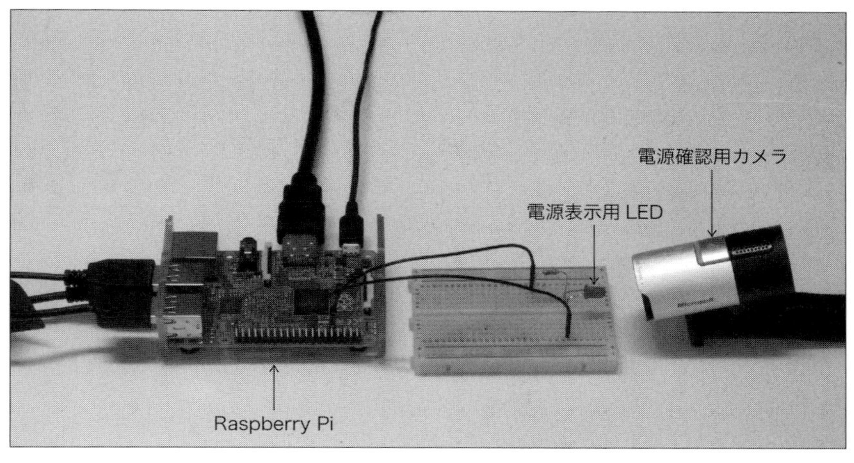

図 5.15 実験の写真

Raspberry Pi につないだ USB カメラの設定を行います．カメラを使うために OpenCV ライブラリをインストールします．

- RasPi（Python2 系，3 系）の場合：

```
$ sudo apt install python-opencv
```

カメラの設定ができているかどうかは，リスト 5.1 に示した camera_test.py を実行することで確認してください．

環境をカメラで観測するようにしたネズミ学習問題の実行は次のコマンドで行います．

- RasPi（Python2 系）の場合：

```
$ python skinner_DQN_camera.py
```

- RasPi（Python3 系）の場合：

```
$ python3 skinner_DQN_camera.py
```

実行すると**ターミナル出力 5.4** が表示されます．この 3 つの数字の並び順はこれまでのネズミ学習問題と同様で，状態，行動，報酬を表しています．エピソード数が200回程度で学習が完了し，ネズミは常に餌を得ることができるようになります．なお，この例のように画像を入力とした場合，多くの学習回数が必要となります．

ターミナル出力 5.4 skinner_DQN_camera.py の実行結果

```
(0, 1, 0)
(array([0]), 0, 0)
(array([1]), 0, 0)
(array([0]), 0, 0)
(array([1]), 0, 0)
episode : 1 total reward 0
 (中略)
(0, 1, 0)
(array([0]), 0, 0)
(array([1]), 1, 1)
(array([1]), 1, 1)
(array([1]), 1, 1)
episode : 200 total reward 4
```

この構成で学習するためのプログラムは，4.2節のリスト4.1に示したskinner_DQN.pyのstep関数と行動の取得を変更したものとなります．変更した部分のリストをリスト5.7～リスト5.10に示します．なお，LEDは高速に切り替わり，カメラ画像は画像の取得後にカメラ用関数から戻るため，ここでは5.3.2項で行ったRCサーボモータを回転させたときのような待ち時間は必要はありません．

まずLEDの点灯を行うために，Raspberry Piのピンの入出力設定として**リスト5.7**をプログラムの先頭に記述する必要があります．

リスト 5.7 Raspberry Piを用いてカメラ入力に焦点を当てたネズミ学習問題（LEDの設定）：skinner_DQN_camera.pyの一部

```
1  import cv2
2  import time
3  import RPi.GPIO as GPIO
4  
5  # RasPi GPIO関係のセットアップ
6  GPIO.setmode(GPIO.BOARD)
7  GPIO.setup(16, GPIO.OUT)
```

次に，カメラ画像を処理するためにニューラルネットワークの部分を**リスト 5.8** で書き換えます．入力画像に対して畳み込みとプーリングを交互にそれぞれ 2 回行い，最後に 2 つの行動を出力しています．ここで，7 行目の 400 の求め方を説明します．

まず入力画像は 32 × 32 です．それに 5 × 5 のフィルタを適用して 28 × 28 とした後，2 × 2 の最大値フィルタを適用することで 14 × 14 の画像とします．そして，同じ構成のフィルタでもう 1 回処理することで，まず 10 × 10 の画像が得られた後，5 × 5 の画像が得られます．それを 16 枚のフィルタで増やしているため，400（= 5 × 5 × 16）となります．これを計算式で表すと次のようになります．

$$H_1 = \frac{32 - 5 + 1}{2} = 14$$
$$W_1 = \frac{32 - 5 + 1}{2} = 14$$
$$H_2 = \frac{14 - 5 + 1}{2} = 5$$
$$W_2 = \frac{14 - 5 + 1}{2} = 5$$

$$H_2 \times W_2 \times 16 = 5 \times 5 \times 16 = 400$$

リスト 5.8 Raspberry Pi を用いてカメラ入力に焦点を当てたネズミ学習問題（ネットワークの設定）：skinner_DQN_camera.py の一部

```
1  class QFunction(chainer.Chain):
2      def __init__(self):
3          super(QFunction, self).__init__()
4          with self.init_scope():
5              self.conv1 = L.Convolution2D(1, 8, 5, 1, 0)  # 1層目の畳み込み層
   (フィルタ数は8)
6              self.conv2 = L.Convolution2D(8, 16, 5, 1, 0) # 2層目の畳み込み層
   (フィルタ数は16)
7              self.l3 = L.Linear(400, 2) # アクションは2通り
8
9      def __call__(self, x):
10         h1 = F.max_pooling_2d(F.relu(self.conv1(x)), ksize=2, stride=2)
11         h2 = F.max_pooling_2d(F.relu(self.conv2(h1)), ksize=2, stride=2)
12         return chainerrl.action_value.DiscreteActionValue(self.l3(h2))
```

これまでは状態を1もしくは0で表していましたが，カメラ入力の場合はカメラ画像をそのまま状態として使います．そのため，状態が1なのか0なのかもわかっていない状況から学習がスタートします．

このカメラ画像を取得するために，**リスト 5.9** の関数を追加します．ここでは，画面の中央付近の 300 × 300 ピクセルを切り出して，グレースケール化した後に 32 × 32 ピクセルにリサイズします．そしてそれを深層学習の入力に使いやすいように形式を整えます．

リスト 5.9 Raspberry Pi を用いてカメラ入力に焦点を当てたネズミ学習問題（カメラ入力）：skinner_DQN_camera.py の一部

```
1  # USBカメラから画像を取得 (RasPi用)
2  def capture(ndim=3):
3      cap = cv2.VideoCapture(0)
4      _, frame = cap.read()
5      cap.release()
6      cx = frame.shape[1] // 2  # 中心ピクセルの取得
7      cy = frame.shape[0] // 2
8      xoffset = 10
9      yoffset = -10
10     frame = frame[cy+yoffset-150:cy+yoffset+150, cx+xoffset-150:cx+xoffset+
   150] # 中央付近の300×300ピクセルを切り出し
11     img = cv2.cvtColor(frame, cv2.COLOR_BGR2GRAY) # グレー化
12     img = cv2.resize(img, (32, 32)) # 32×32にリサイズ
13     env = np.asarray(img, dtype=np.float32)
14     if ndim == 3:
15         return env[np.newaxis, :, :] # 2次元→3次元行列 (replay用)
16     else:
17         return env[np.newaxis, np.newaxis, :, :] # 4次元行列 (判定用)
```

そして，その変換した画像を入力として使うには**リスト 5.10** のように，act_and_train メソッドと stop_episode_and_train メソッドの入力を変更します．

リスト 5.10 Raspberry Pi を用いてカメラ入力に焦点を当てたネズミ学習問題（学習）：skinner_DQN_camera.py の一部

```
1          action = agent.act_and_train(capture(ndim=3), reward) # 画像で取得した
   状態からアクション選択
2   (中略)
3      agent.stop_episode_and_train(capture(ndim=3), reward, done)
```

5.4 Arduino + PC でネズミ学習問題

できるようになること Arduino + PC を使って実際にモノを動かしながら学習する

ここでもネズミ学習問題を実際に動かしてみます．問題設定は 5.2.1 項に示した通りです．

Raspberry Pi を使えば深層強化学習を使ったロボット制御はできそうですが，高機能な学習を行わせることは難しいという問題がありました．

そこで本節では，学習は PC で行い，サーボモータを動かしたり LED を点灯・消灯させたりといった指令をマイコンに与えてコントロールする方法を示します．これにより，高度な深層強化学習にも対応できるシステムとすることができます．

以降では Arduino（**図 5.16**）というマイコンの一種を利用します．Arduino は，USB を差し込むだけで書き込めたり，ジャンプワイヤが刺さるポートが付いていたり，とても使いやすいマイコンです．

図 5.16 Arduino の外観

例えば，図 5.6 の構成は**図 5.17** となります．なお，図 5.9 と同様にスイッチではなく明るさセンサを用います．

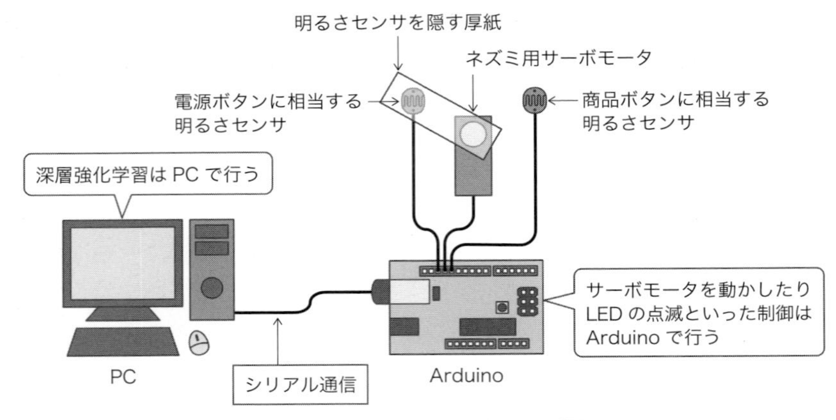

図5.17 ArduinoとPCを使った学習

5.4.1 環境構築

できるようになること ArduinoとPCの通信

使用スケッチ Serial_Test

ArduinoとPCはシリアル通信で情報のやり取りをします．Pythonでシリアル通信を行うにはpyserialライブラリを使います．インストール方法を次に示します．

- Windowsの場合：

```
$ conda install -c anaconda pyserial==3.4
```

- Linux，RasPiの場合：

```
$ sudo pip3 install pyserial==3.4
```

- Macの場合：

```
$ pip install pyserial==3.4
```

pyserialのインストールの確認を行います．

まずは**リスト5.11**に示すArduinoのスケッチ（プログラムのこと）をArduinoに書き込みます．なお，Arduinoの開発環境のインストール方法は付録A.3を参考にしてください．このスケッチを実行すると，シリアル通信で何かしらのデータを受信するたびにArduinoのボードに付いたLEDが点灯と消灯を繰り返します．

リスト 5.11 何か受信したらLEDの点灯と消灯を切り替える（Arduino用）：Serial_Test

```
1  void setup() {
2    Serial.begin(9600);
3    while(!Serial){;} // Leonardoには必要
4    pinMode(LED_BUILTIN,OUTPUT);
5  }
6
7  void loop() {
8    static int led=0;
9    if(Serial.available()>0){
10     char a = Serial.read();
11     digitalWrite(LED_BUILTIN,led);
12     if(led==0)led=1;
13     else led=0;
14     Serial.print(led);
15   }
16 }
```

スケッチの説明をします．Arduinoはsetup関数がまず1回だけ呼び出され，その後loop関数が何度も呼び出されるというちょっと変わった仕組みで動きます．

setup関数では，まず通信速度を9600 bpsにしています．そして，LED_BUILTINピンを出力にしています．なお，LED_BUILTINピンの出力を変えることで，ボードに付いたオレンジ色の小さなLEDが点いたり消えたりします．これにより回路を作らなくても実験できます．

次に，loop関数ではSerial.availableメソッドで何か受信したかを調べています．受信したらそれをSerial.readメソッドで受信しています．その後，LEDの点灯と消灯の設定をしています．ここで利用しているled変数には，次のif elseにより0と1を交互に設定しています．さらに，そのled変数をSerial.printメソッドで送信しています．

Arduinoにプログラムを書き込んだら，コマンドラインでシリアル通信を動かします．コマンドラインモードに入るには**ターミナル出力5.5**に示すようにpythonとだけ入力します．なお，Linux，Macではpython3としてください．>>>と表示されたらコマンドラインモードに入っています．終了するにはCtrl + Dを入力するか，Ctrl + Zに続けてEnterを入力します．

最初にポートの設定を行います．

- Windowsの場合 ：ポート番号から1引いた値を設定します．
- Linux，Macの場合：'/dev/ttyACM0'としてポートの名前を設定します．なお，Linuxでは次の設定が必要となります．

```
$ sudo usermod -a -G dialout 【ユーザ名】
$ sudo chmod a+rw /dev/ttyACM0
```

ポート番号はArduinoにスケッチを書き込むときに使った番号と同じです．その設定はprint文で確認できます．その後，ser.write(b"a")とすることで，aという文字を送信します．このように何かしらの文字を送ると，Arduinoからは0と1が交互に送信されます．そして，ser.read関数でArduinoから送信された値を読み取ります．最後にはser.close関数で終了させておきます．

なお，ser.close関数で終了させるまでは，Arduinoに開発環境からプログラムを書き込むことができなくなります．

ターミナル出力5.5 コマンドラインモードでシリアル通信のテスト

```
$ python   ← Linux, Macの場合はpython3
>>> import serial
>>> ser = serial.Serial(7)
>>> print(ser)
Serial<id=0x4342a51e48, open=False>(port='COM8', baudrate=9600, bytesize=8,
parity='N', stopbits=1, timeout=None, xonxoff=False, rtscts=False, dsrdtr=False)
>>> ser.write(b"a")
1
>>> print(ser.read())
b'1'
>>> ser.write(b"a")
1
```

```
>>> print(ser.read())
b'0'
>>> ser.close()
```

5.4.2　入出力に注目して簡略化

できるようになること　Arduino で RC サーボモータを動かしてセンサの状態を読み込み，情報を PC とやり取りしながら学習する

使用プログラム　skinner_DQN_PC_motor.py

使用スケッチ　Sensor_Test_Ar，Servo_Test_Ar，skinner_DQN_Ar_motor，skinner_DQN_Ar_simple

図 5.17 の構成で実現します．回路図は**図 5.18** に示すように，Arduino に RC サーボモータと明るさセンサ（CdS），可変抵抗をつなぎます．スイッチではなく明るさセンサを付ける理由は 5.3.2 項の Raspberry Pi でスイッチの状態を読み込んだときの理由と同じで，RC サーボモータで直接スイッチを押すのは失敗する確率が高いためです．RC サーボモータと明るさセンサは，Raspberry Pi の場合と同様に**図 5.19** のように配置します．

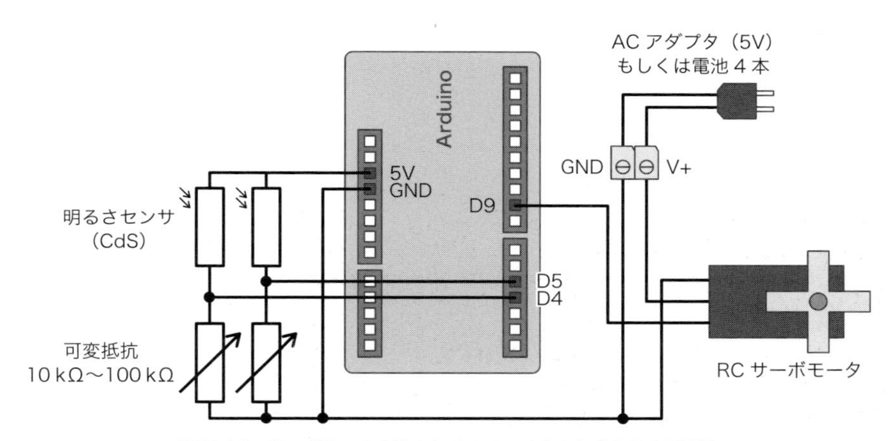

図 5.18　サーボモータを動かしてスイッチを入れるための回路図

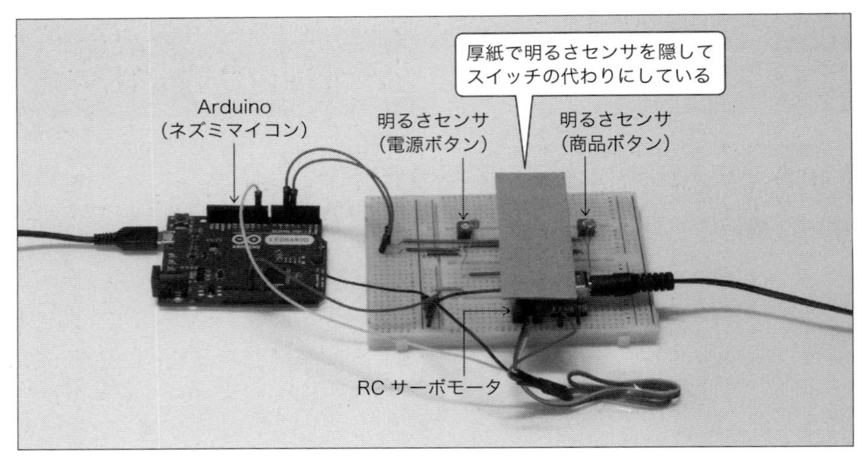

図 5.19 実験の写真

5.3.2 項で示したように可変抵抗の調整を行います．調整には**リスト 5.12** に示すスケッチを実行し，シリアルモニタで値を確認してください．調整の方法は 5.3.2 項と同じです．

リスト 5.12 明るさセンサの確認（Arduino 用）：Sensor_Test_Ar

```
 1  void setup() {
 2    Serial.begin(9600);
 3    while (!Serial) {
 4      ;
 5    }
 6  }
 7
 8  void loop() {
 9    Serial.print(digitalRead(4));
10    Serial.print("\t");
11    Serial.println(digitalRead(5));
12    delay(500);
13  }
```

次に，RC サーボモータの調整を行います．**リスト 5.13** に示すスケッチを実行すると，RC サーボモータが 0.5 秒おきに決まった角度だけ回転することを繰り返します．ちょうど明るさセンサが隠れるような角度になるように値を調整して，書き込んでテストを繰り返してください．myservo.write メソッドの引数は RC サーボモータの回転角度を表しています．

リスト 5.13 RC サーボモータの確認（Arduino 用）：Servo_Test_Ar

```
#include <Servo.h>

Servo myservo;

void setup() {
  Serial.begin(9600);
  while (!Serial) {
    ;
  }
  myservo.attach(9);
  myservo.write(60);
}

void loop() {
  myservo.write(60);
  delay(500);
  myservo.write(30);
  delay(500);
  myservo.write(90);
  delay(500);
}
```

ここで情報のやり取りは**図 5.20** のように行うとします．まず，PC から Arduino に送信するデータは a，b，c のいずれかです．行動 0（電源ボタンを押す）の場合は a，行動 1（商品ボタンを押す）の場合は b を送信します．また，状態をリセット（電源を OFF に）したい場合がありますので，その場合は c を送信します．

次に，Arduino から PC に送信するデータは，行動を起こした後の状態と報酬です．これは状態，報酬の順に，それぞれ 0 か 1 のいずれかの数が送られます．

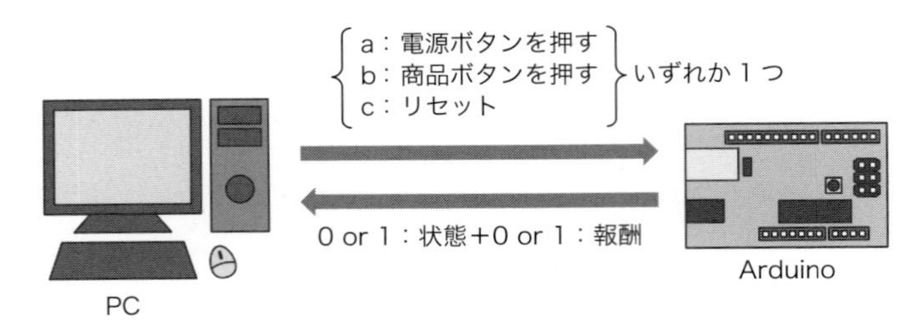

図 5.20 データの送受信

このタイムチャートを**図 5.21** に示します．PC は行動を送信し，その後 2 秒待って状態を受信します．Arduino は行動を受信したら RC サーボモータを回転させて，1 秒後に明るさセンサの値を読みます．この待ち時間は RC サーボモータの回転終了待ちです．そして Arduino が明るさセンサの値を読み取ったら，状態を更新し，PC に状態を送信します．その後，RC サーボモータを元の角度に戻してから 1 秒待ち，再度，受信待ちになります．

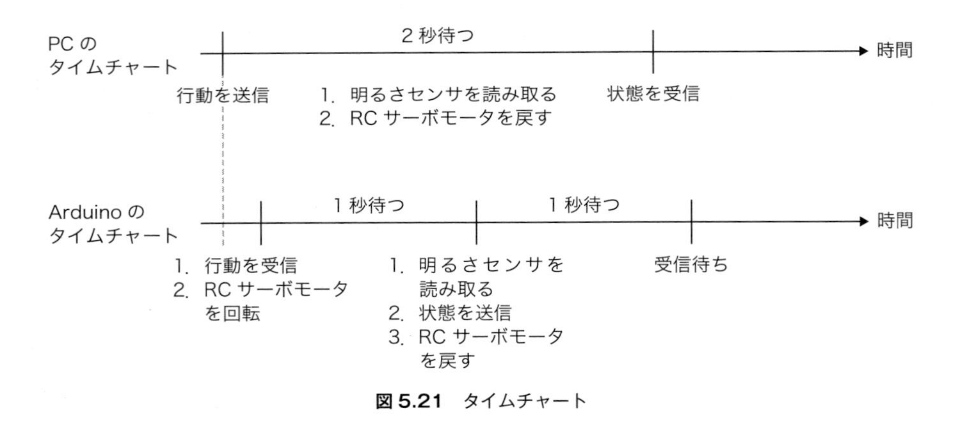

図 5.21 タイムチャート

Arduino スケッチを**リスト 5.14** に示します．読み込んだ値によってサーボモータを動かして，スイッチの状態を読み込みます．そして，Arduino の内部に持っている状態を表す変数を変化させ，状態と報酬を送信するようにしています．このスケッチを Arduino に書き込んでおきます．

リスト 5.14 Arduino + PC で入出力に焦点を当てたネズミ学習問題 (Arduino 用) : skinner_DQN_Ar_motor

```
1  #include <Servo.h>
2  
3  Servo myservo;
4  
5  void setup() {
6    Serial.begin(9600);
7    while (!Serial) {
8      ;
9    }
10   myservo.attach(9);
11   myservo.write(60);
12 }
13 
14 void loop() {
15   static int state = 0;
16   if (Serial.available() > 0) {
17     int reward = 0;
18     char action = Serial.read();
19     if (action == 'a') {
20       myservo.write(0);
21       delay(1000);
22       int a = digitalRead(3);
23       if (a == LOW) {
24         if (state == 0) {
25           state = 1;
26         }
27         else {
28           state = 0;
29         }
30       }
31       Serial.print(state);
32       Serial.print(reward);
33       myservo.write(60);
34       delay(1000);
35     }
36     else if (action == 'b') {
37       myservo.write(120);
38       delay(1000);
39       int b = digitalRead(4);
40       if (b == LOW) {
```

```
41          if (state == 1) {
42            reward = 1;
43          }
44        }
45        Serial.print(state);
46        Serial.print(reward);
47        delay(1000);
48        myservo.write(60);
49      }
50      else if (action == 'c') {
51        state = 0;
52        delay(1000);
53      }
54    }
55  }
```

この構成で学習するためのプログラムは，4.2 節のリスト 4.1 に示す skinner_DQN.py の一部を**リスト 5.15** のように変更したものです．

リスト 5.15 Arduino + PC で入出力に焦点を当てたネズミ学習問題（PC 用）：skinner_DQN_PC_motor.py の一部

```
 1  # -*- coding: utf-8 -*-
 2  import time
 3  import serial
 4
 5  ser = serial.Serial(7)
 6
 7  （中略）
 8
 9  def step(state, action):
10      reward = 0
11      if action == 0:
12          ser.write(b"a")
13      else:
14          ser.write(b"b")
15
16      time.sleep(1.0)
17      state = int(ser.read());
18      reward = int(ser.read());
19      return np.array([state]), reward
```

```
20
21  （中略）
22
23      ser.write(b"c")
```

まずは実行してみましょう．ただし実行する前にリスト 5.14 を Arduino に書き込み，PC と Arduino を USB ケーブルでつないでおく必要があります．さらにリスト 5.15 の 5 行目のシリアルポートの番号を，ターミナル出力 5.5 で行ったように確認して変更しておく必要があります．次のコマンドを実行すると，サーボモータの動作が繰り返されます．さらに，ターミナルに**ターミナル出力 5.6** が表示されます．エピソード数が 20 回程度で学習が完了し，ネズミは常に餌を得ることができるようになります．

- Windows（Python2 系，3 系），Linux，Mac（Python2 系）の場合：

```
$ python skinner_DQN_PC_motor.py
```

- Linux，Mac（Python3 系）の場合：

```
$ python3 skinner_DQN_PC_motor.py
```

ターミナル出力 5.6 skinner_DQN_PC_motor.py の実行結果

```
[0] 1 0
[0] 0 0
[1] 0 0
[0] 1 0
[0] 0 0
episode : 1 total reward 0
（中略）
[0] 0 0
[1] 1 1
[1] 1 1
[1] 1 1
[1] 1 1
episode : 20 total reward 4
```

1. Pythonのプログラムの説明

リスト5.15のPythonのプログラムについて説明を行います．まず，ライブラリをインポートしてシリアル通信の設定をしておきます（2〜5行目）．これはライブラリ宣言のすぐ後に追加します．

そしてstep関数では，深層強化学習から得られた行動が0のときにはArduinoに「a」を送信し，行動が1のときには「b」を送信します．送信すると，Arduinoから状態と報酬がこの順に返ってくるので，状態を表す変数であるstate変数と報酬を表すreward変数にそれぞれ保存します．

エピソード開始時には，変数の初期化と同時にArduinoの初期化も行うために「c」を送信するようにします．

2. Arduinoのスケッチの説明

次にArduinoのスケッチ（リスト5.14）の説明を行います．シリアル通信の部分はリスト5.11で説明を行いました．ここでは受信したデータをどのように利用しているかに焦点を当てます．

まず，「a」を受信した場合（19行目のif文）は電源ボタンを押すことに相当しますので，RCサーボモータを左に回します（20行目）．そして，スイッチの状態（実際には明るさセンサの値）を読み込んで（22行目），電源スイッチが押されていれば状態を反転させます．左に回るので必ず電源スイッチは押されるのですが，図5.17に示したような理想状態を想定するため，また，RCサーボモータを回したりスイッチを読み込んだりする練習のために読み込んでいます．その後，状態と報酬をPCに送信し（31，32行目），RCサーボモータを初期角度に戻しています（33行目）．

「b」を受信した場合も同様の操作を行います（36〜49行目）．この場合は商品ボタンを押すことに相当しますので，RCサーボモータを右に回します．スイッチの状態（実際には明るさセンサの値）を読み込んで，商品スイッチが押されてかつ電源がONの状態ならば報酬を1に設定します．そして状態と報酬をPCに送信し，RCサーボモータを初期角度に戻します．

最後に，「c」を受信した場合は状態のリセットを意味していますので，状態を0（電源OFFの状態）に戻します．このときには状態も報酬もPCに送信しません（50〜53行目）．

なお，簡易版としてRCサーボモータやスイッチを使わずに実現したものを**リ**

スト 5.16 に示します．この場合は Arduino をつなぐだけで実験できます．なお，このスケッチでは電源の ON と OFF を Arduino に付いた LED で示しています．Arduino と PC の通信のテストに利用してください．

リスト 5.16 Arduino + PC の通信のみに焦点を当てたネズミ学習問題（Arduino 用）：skinner_DQN_Ar_simple

```
1  void setup() {
2    Serial.begin(9600);
3    while(!Serial){;}
4    pinMode(13,OUTPUT);
5  
6  }
7  
8  void loop() {
9    static int state=0;
10   if(Serial.available()>0){
11     int reward=0;
12     char action = Serial.read();
13     if(action=='a'){
14       if(state==0)state=1;
15       else state=0;
16       digitalWrite(LED_BUILTIN,state);
17     Serial.print(state);
18     Serial.print(reward);
19     }
20     else if(action=='b'){
21       if(state==1){
22         reward=1;
23       }
24     Serial.print(state);
25     Serial.print(reward);
26     }
27     else if(action=='c'){
28       state=0;
29       digitalWrite(LED_BUILTIN,state);
30     }
31   }
32 }
```

5.4.3 環境をカメラで計測

できるようになること Arduino で LED を光らせて，PC でその光をカメラで認識しながら学習する

使用プログラム skinner_DQN_PC_camera.py

使用スケッチ skinner_DQN_Ar_camera

情報をカメラで取得して，畳み込みニューラルネットワークを使って深層強化学習を行います．理想は Raspberry Pi を使った深層強化学習で示した通り，図 5.5 のように自販機を模してスイッチと LED をほかのマイコンで操作することですが，ここでは簡単のため**図 5.22** のようにします．なお，図 5.7 との違いは，Raspberry Pi の部分が図 5.22 のように PC と Arduino に置き換えたものになっている点です．

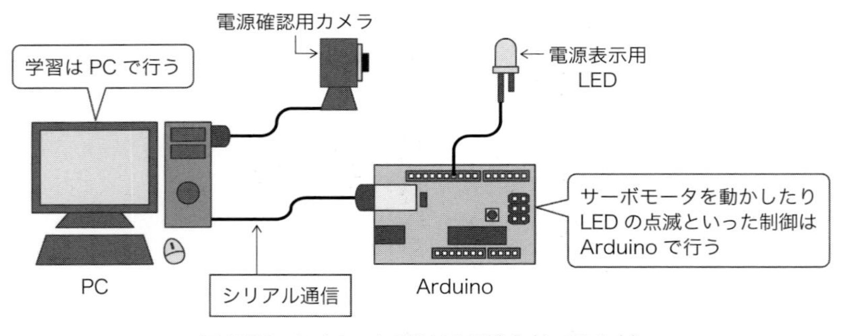

図 5.22 Arduino と PC による構成（カメラ入力）

そしてこれを実際に作成したものが**図 5.23** となります．

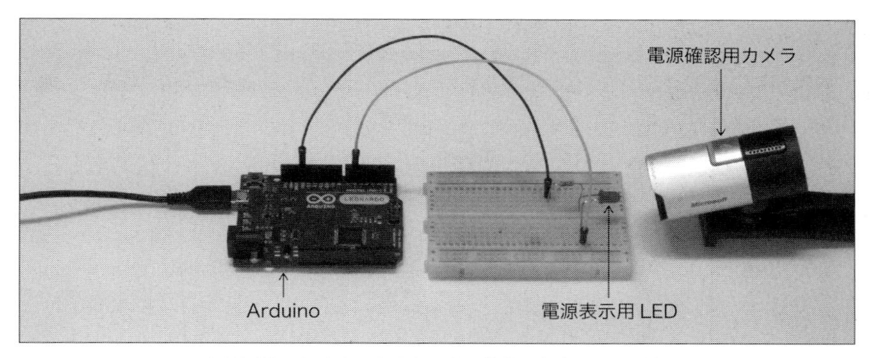

図 5.23 Arduino と PC による実験写真（カメラ入力）

回路図は**図 5.24** のように LED を 1 つだけ付けたものとなります．

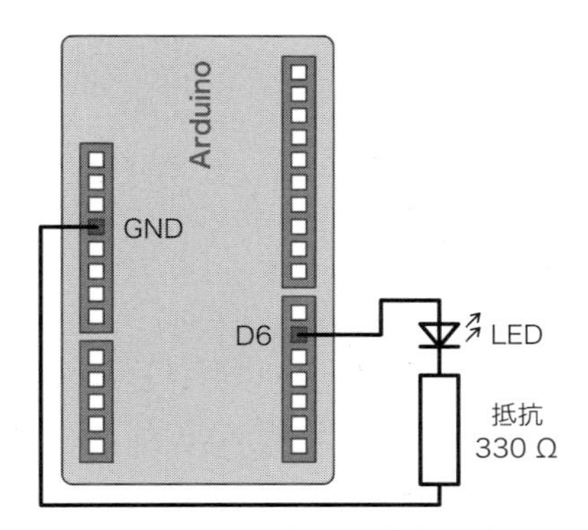

図 5.24 LED を光らせるための回路図

次のコマンドを実行すると，電源の ON・OFF を示す LED の点灯と消灯が繰り返されます．**ターミナル出力 5.7** に示すようにエピソード数が 200 回程度で学習が完了し，ネズミは常に餌を得ることができるようになります．

ここまでの値は 0 または 1 でしたが，今回のプログラムでは状態として観測できるのはカメラ画像となります．そこで，カメラ画像による入力の様子をわかりやすくするために，カメラ画像による入力，行動，報酬の順に示します．なお，ターミナル出力 5.4 でも同様にカメラ出力を表示することができます．

- Windows（Pyhton2系，3系），Linux，Mac（Python2系）の場合：

```
$ python skinner_DQN_PC_camera.py
```

- Linux，Mac（Python3系）の場合：

```
$ python3 skinner_DQN_PC_camera.py
```

ターミナル出力 5.7 skinner_DQN_PC_camera.py の実行結果（200 エピソードのみ記載）

```
[[[ 45.  29. 102. ... 255. 255. 255.]
  [ 34.  54. 185. ... 178. 255. 253.]
  [  5.  10.  46. ...  96. 173.  39.]
  ...
  [ 51.  62.  56. ...   4.   5.   0.]
  [205. 196. 192. ...   4.   3.   0.]
  [152. 147. 138. ...   0.   4.   1.]]] 0 0
[[[ 39.  24.  84. ... 255. 255. 255.]
  [ 37.  45. 168. ... 215. 255. 249.]
  [  0.  10.  30. ... 111. 201.  42.]
  ...
  [ 36.  40.  48. ...   5.   8.   3.]
  [187. 179. 172. ...  11.   8.   2.]
  [143. 132. 118. ...   5.   4.   3.]]] 1 1
[[[ 41.  23.  88. ... 255. 255. 255.]
  [ 30.  48. 166. ... 211. 254. 249.]
  [  2.  10.  34. ... 112. 196.  42.]
  ...
  [ 43.  42.  49. ...   6.   9.   2.]
  [187. 180. 171. ...  11.   9.   1.]
  [139. 129. 118. ...   3.   6.   3.]]] 1 1
[[[ 35.  23.  88. ... 255. 255. 255.]
  [ 29.  48. 164. ... 215. 255. 249.]
  [  5.  10.  32. ... 108. 198.  36.]
  ...
  [ 43.  44.  48. ...   6.   8.   2.]
  [187. 177. 173. ...  11.   7.   2.]
  [142. 128. 118. ...   4.   5.   3.]]] 1 1
[[[ 30.  22.  88. ... 255. 255. 255.]
  [ 27.  47. 167. ... 210. 255. 250.]
  [  3.   9.  26. ... 112. 198.  38.]
  ...
```

```
  [ 43.  45.  47. ...   7.   8.   2.]
  [188. 178. 172. ...   8.   9.   2.]
  [141. 129. 123. ...   4.   5.   2.]]] 1 1
episode : 200 total reward 4
```

プログラムは4.2節のリスト4.1に示したskinner_DQN.pyのstep関数をリスト5.14のように書き換えることと，ネットワークの設定をリスト5.7に書き換えること，リスト5.9に示したカメラからの画像を取得する関数を追加することで実現できます．

Arduinoスケッチはリスト5.15の出力ポートをLED_BUILTINから4に変えたものを用います．

5.5 Raspberry Pi ＋ Arduinoでネズミ学習問題

できるようになること 自販機とネズミを完全に分けて，動作や観測により状態を変える

使用プログラム skinner_DQN_RP_Full.py

使用スケッチ skinner_DQN_Ar_Full

最後に，図5.5の構成で実験を行います．ここでは自販機マイコンをArduino，ネズミマイコンをRaspberry Piとします．ネズミマイコンの回路図を**図5.25** (a)に，自販機マイコンの回路図を図5.25 (b) に示します．

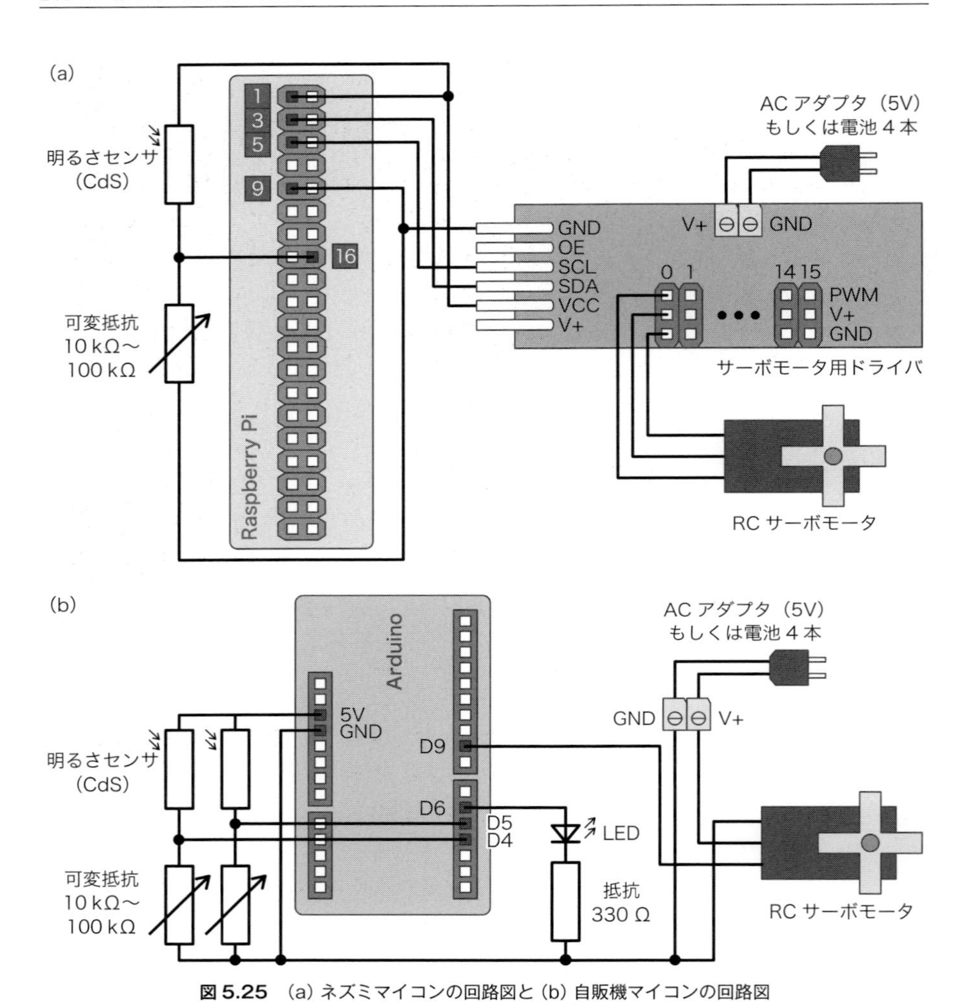

図 5.25 (a) ネズミマイコンの回路図と (b) 自販機マイコンの回路図

そしてこれを実現した写真を**図 5.26** に示します．

図 5.26 ネズミ学習問題（図 5.5 に示すフルバージョン）

ネズミマイコンでは次の 2 つを行います.

- カメラで状態を観察して行動を決定し，サーボモータをどちらかに回転させ 1 秒間保持
- 報酬スイッチをチェックし，報酬を決定

このプログラムを**リスト 5.17** に示します．5.3.2 項で説明した skinner_DQN_motor.py をこのように変更したものとなります.

リスト 5.17 Raspberry Pi を用いたネズミ学習問題（サーボモータの設定と動作）：skinner_DQN_RP_full.py の一部

```
1  （前略）
2  import RPi.GPIO as GPIO
3
4  # RasPi GPIO関係のセットアップ
5  GPIO.setmode(GPIO.BOARD)
6  GPIO.setup(16, GPIO.OUT)
7  GPIO.setup(18, GPIO.OUT)
8  GPIO.setup(13, GPIO.IN)
9  （中略）
```

```
10 def step(state, action):
11     reward = 0
12     if action==0:
13         pwm.set_pwm(0, 0, 150)
14         time.sleep(1)
15         pwm.set_pwm(0, 0, 375) # サーボモータを初期位置へ
16     else:
17         pwm.set_pwm(0, 0, 600)
18         time.sleep(1)
19         pwm.set_pwm(0, 0, 375) # サーボモータを初期位置へ
20     if GPIO.output(13)==1:
21        reward = 1
22     return np.array([state]), reward
23 (後略)
```

自販機マイコンでは次の2つを行います.

- 電源スイッチが押されたら，電源の状態を遷移させ，電源ONの状態のとき電源LEDを点灯
- 電源ONの状態のとき商品スイッチが押されたら，サーボモータを回して2秒間保持し，その後初期位置に復帰

このタイムチャートを**図5.27**に示します．PCは行動を送信し，その後2秒待って状態を受信します．Arduinoは行動を受信したらRCサーボモータを回転させて1秒後に明るさセンサの値を読みます．この1秒はRCサーボモータの回転終了待ちです.

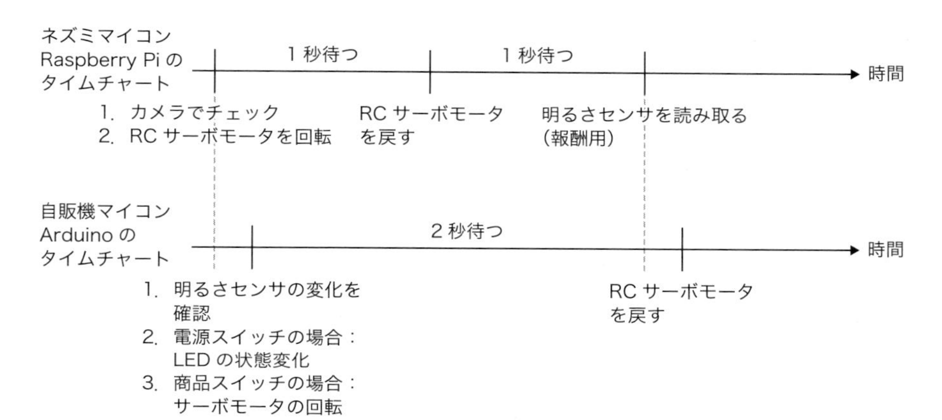

図 5.27 タイムチャート

明るさセンサの値を読み取ったら，状態を更新し，PC に状態を送信します．その後，RC サーボモータを元の角度に戻してから 1 秒待ち，再度，受信待ちになります．

これを実現するための Arduino スケッチを**リスト 5.18** に示します．

リスト 5.18 skinner_DQN_Ar_Full

```
 1  #include <Servo.h>
 2
 3  Servo myservo;
 4
 5  void setup() {
 6    Serial.begin(9600);
 7    while(!Serial){;}
 8    pinMode(4,INPUT);
 9    pinMode(5,INPUT);
10    pinMode(6,OUTPUT);
11
12    myservo.attach(9);
13    myservo.write(60);
14  }
15
16  void loop() {
17    static int state=0;
18    if(digitalRead(4)==HIGH){
```

```
19         if(state==0)state=1;
20         else state=0;
21         digitalWrite(13,state);
22     }
23     if(digitalRead(5)==HIGH){
24         if(state==1){
25           myservo.write(120);
26           delay(2000);
27           myservo.write(60);
28         }
29     }
30 }
```

5.6 おわりに

以上にて，実際の環境で深層強化学習を使う方法の説明が終わりました．最後までお読みいただきまして，ありがとうございました．

ここに至るまでに，深層学習（第2章）や強化学習（Qラーニング）（第3章）から始まり，それを組み合わせた深層強化学習（第4章）を使いこなすための説明，実際のモノへの応用（第5章）と，ステップアップ方式で説明をしてきました．本書が，読者の皆様が深層強化学習について理解を深めるためのお役に立てれば幸いです．また，深層強化学習は，ロボットに代表されるように実際に動くモノへの応用がしやすい機械学習手法ですので，本書で取り上げた例を参考に，深層強化学習を使った新しいモノづくりへの手助けにもなることも願っています．

深層学習や深層強化学習は，世界中で研究がなされており，ものすごい勢いで新しくかつ有効な方法が開発されています．最近は，このような新しい手法が論文のリプリントサイト（https://arxiv.org）にアップロード・公開されていますので，本書で深層強化学習を学んで理解を深められた読者の皆様も，手軽に最新の研究成果に触れることができます．今後，本書で学ばれたことをきっかけに，深層強化学習についての知識をより深められ，さらに興味を持っていただくことができましたら，これ以上の著者冥利はございません．

付録

A.1 VirtualBoxのインストール

Windowsを使用している方がスペースインベーダーやパックマンを実行するにはVirtualBoxのインストールが必要となります．そこでここでは，Windowsの方を対象としてVirtualBoxおよびUbuntuのインストール，環境設定を行います．なお2018年6月時点でのUbuntuの最新バージョンは18.04ですが，本書では16.04で動作確認しています．

まず，次のサイトにアクセスして，VirtualBoxをダウンロードします．

```
https://www.virtualbox.org/wiki/Downloads
```

Windows hostsをクリックしてインストーラをダウンロードします．ダウンロードしたインストーラを実行するとインストールが始まります．VirtualBoxのインストールが完了したら，Ubuntuをインストールします．まず，Ubuntu（ここでは16.04）のイメージをダウンロードします．次のサイトにアクセスしてください．

```
https://www.ubuntulinux.jp/News/ubuntu1604-ja-remix
```

このページで「ubuntu-ja-16.04-desktop-amd64.iso（ISOイメージ）」をクリック

して iso ファイルをダウンロードします．ダウンロードが完了したら，VirtualBox を起動します．

VirtualBox 左上[注1]の「新規」アイコンをクリックして，名前に「DQN」，タイプに「Linux」，バージョンに「Ubuntu（64bit）」を選択し，メモリは「4096 MB」として「作成」をクリックします．仮想ハードディスクについてはサイズを 16 GB にして作成してください．なお，ここでは名前を「DQN」としましたが，ほかの名前でも構いません．メモリやファイルサイズはこれより小さいと動かない場合がまれにあります．

作成後にできたアイコン（DQN と名前の付いたもの）を選択してから「起動」をクリックします．「起動ハードディスクを選択」と書かれたダイアログが表示されますので，先ほどダウンロードした Ubuntu の iso ファイルを選択して，「起動」をクリックします．Ubuntu のインストールが始まります．

インストールが完了すると，Ubuntu が起動します．「システムプログラムの問題がみつかりました」と書かれたダイアログボックスが表示されることもありますが，たいていの場合は支障ありません．ここで，次の 2 つの設定をしておくと便利です．

A.1.1 コピー&ペースト

Windows 上でコピーした内容を VirtualBox 上の Ubuntu にペーストしたり，その逆をしたりするには設定が必要です．

DQN を起動した状態で，VirtualBox のツールバーで「デバイス」→「Guest Additions CD イメージの挿入」を選択します．「自動実行しますか？」と聞かれますので「実行」をクリックし，パスワードを入力します．ターミナルで「Press Return to close this window ...」と表示されたら，Enter キーを押せば自動的にターミナルが閉じます．

その後，ツールバーで「デバイス」→「クリップボードの共有」→「双方向」を選択します．続いて，ターミナルを起動して次のコマンドを実行します．「You may need ...」が表示されたら再起動します．

注1　アイコンの配置はソフトウェアのバージョンアップにより，変わることがあります．

```
$ cd /media/【ユーザ名】/VBOXADDITIONS_5.1.14_112924/
$ sudo ./VBoxLinuxAdditions.run
```

A.1.2 共有フォルダ

共有フォルダとは，VirtualBox 上の Ubuntu から Windows 上のフォルダにアクセスできるフォルダのことです．まずは Windows 上にそのフォルダを作成します．ここではドキュメントフォルダの下に DQN フォルダを作成し，その下に Ubuntu フォルダを作成して共有フォルダとして設定するものとします．

VirtualBox のツールバーで「デバイス」→「共有フォルダー」→「共有フォルダー設定」を選択します．設定画面が表示されるので，右側にある「+」（プラス印）の付いたフォルダアイコンをクリックし，フォルダのパスに先ほど作成した Ubuntu フォルダを選択します．「自動マウント」と「永続化する」にチェックを入れて「OK」をクリックします．

ターミナルを起動し，次を実行してから再起動します．

```
$ sudo gpasswd -a 【ユーザ名】 vboxsf
```

Ubuntu 上の共有フォルダは「/media/sf_Ubuntu/DQN」となります．

A.2 Raspberry Pi の設定

Raspberry Pi（以降 RasPi）を使用するときに必要な設定やインストール方法をまとめました.

1 OS のインストール
2 PC から RasPi へのプログラムの転送
3 RC サーボモータを使うための設定

A.2.1 OS のインストール

まず，OS のインストールを行います．RasPi の公式ホームページ（https://www.raspberrypi.org/）のトップページ上部にある「DOWNLOADS」をクリックするか，次のアドレスにアクセスします．

https://www.raspberrypi.org/downloads/

NOOBS と RASPBIAN が選べますので，NOOBS をクリックします．するとダウンロードする NOOBS を選択する画面が表示されます．筆者は NOOBS の下にある Download ZIP を選択しました．なお，バージョンは 2.4.5 でした．

ダウンロードした zip ファイルを右クリックし，「すべて展開」を選択して解凍します．そして，microSD カードを PC に差し込み，展開したものすべてを SD カードにコピーします．コピーが完了したら PC から SD カードを抜き，RasPi に差し込みます．

その後，RasPi にマウスやキーボード，ディスプレイをつないでから電源を差し込みます．いくつかの選択肢が出ますが，ここでは Raspbian を選択してください．その後は指示に従って，30 分程度でインストールが終了します．

A.2.2 プログラムの転送設定

次に，プログラムの転送設定をします．この設定を行えば PC 上で作ったプログラムを RasPi に転送でき，作業が楽になります．ここでは Windows の方を対象として説明を行います．転送には WinSCP を使います．

1.　RasPi の作業

WinSCP を使うには RasPi 上で ssh を起動して，ファイル転送を受け入れる用意をしておく必要があります．まず，次のコマンドを実行します．

```
$ sudo raspi-config
```

図 A.1 が表示されますので，上下のカーソルキーで「5 Interfacing Options」を選択して Enter キーを押します．

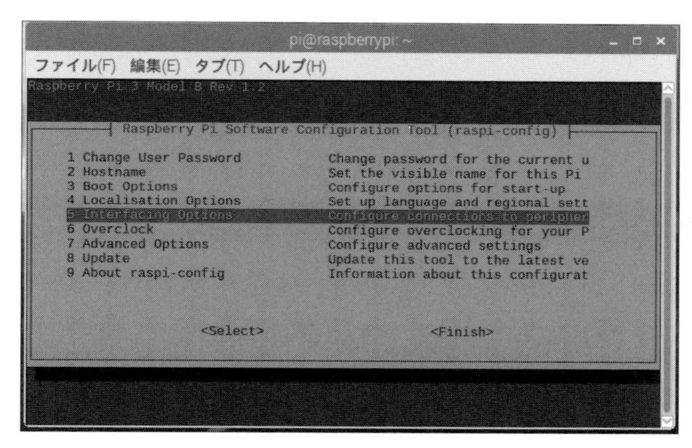

図 A.1　SSH の設定 1

図 A.2 が表示されますので，「P2 SSH」を選択して Enter キーを押します．

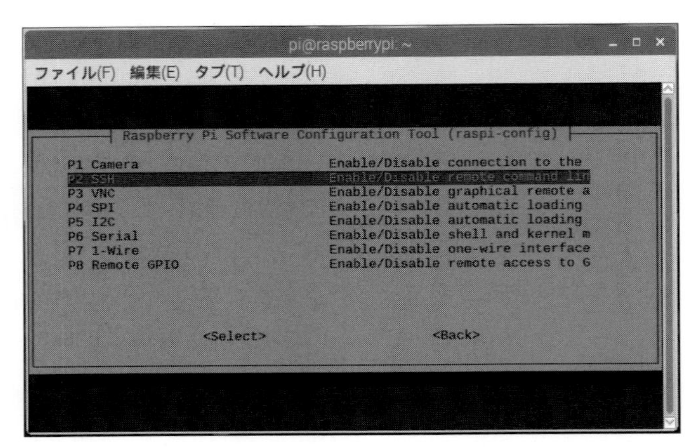

図 A.2 SSH の設定 2

次に，RasPi に LAN ケーブルを差し込み，インターネットにつないでください．ターミナル上で ifconfig を実行すると，次のように表示されます．表示結果の eth0 の中の inet の後ろに書かれた IP を使って WinSCP とつなぎます．なおここでは，IP を xxx.xxx.xxx.xxx として表しています．

```
$ ifconfig
eth0: flags=4163<UP,BROADCAST,RUNNING,MULTICAST>  mtu 1500
        inet xxx.xxx.xxx.xxx  netmask 255.255.255.0  broadcast xxx.xxx.xxx.255
（以下省略）
```

2. PC の作業

PC では，まず WinSCP を次の URL からダウンロードし，インストールします．

https://winscp.net/eng/download.php

WinSCP を起動すると**図 A.3** のように表示されます．

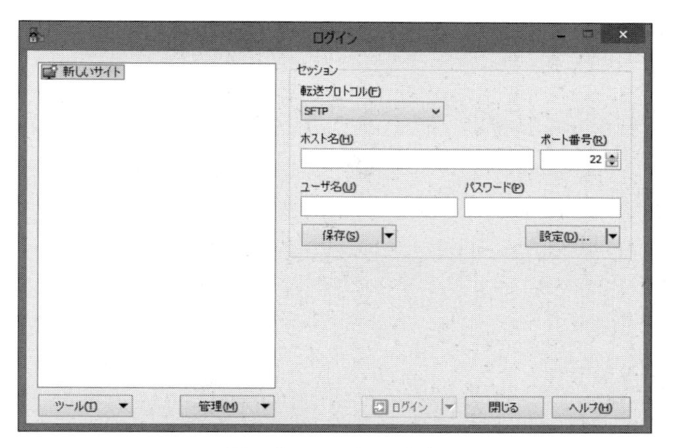

図 A.3 WinSCP の設定

この画面で次の項目を入力して「ログイン」をクリックすると，RasPi とつながります．

- ホスト名　：ifconfig で調べた IP アドレス
- ユーザ名　：pi
- パスワード：raspberry

RasPi とつながると左側に Windows のフォルダが，右側に RasPi のディレクトリが表示されます．ファイルをドラッグアンドドロップして移動することができます．

A.2.3 RC サーボモータの設定

RC サーボモータを使うためにはサーボモータのドライバ（PCA9685 16Channel 12 ビット PWM サーボモータドライバ）を利用します．これを使うと I²C 通信でサーボモータを動かすことができます．

まず，I²C 通信を有効にします．次のコマンドを実行すると図 A.1 が開きます．

```
$ sudo raspi-config
```

上下のカーソルキーで「5 Interfacing Options」を選択して Enter キーを押すと，**図 A.4** が得られます．この画面のように「P5 I2C」を選択して Enter キーを押すと，I²C が起動します．

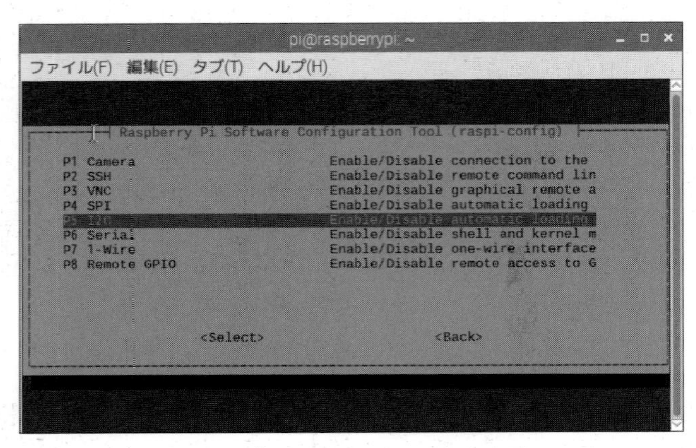

図 A.4 I²C 通信の設定（サーボモータ用）

次に，以下のコマンドを実行します．

```
$ sudo apt install python-smbus i2c-tools
$ sudo nano /etc/modules
```

2 行目のコマンドの実行によってエディタが開きますので，次の 2 行を追加してください．

```
i2c-dev
i2c-bcm2708
```

保存して終了し，コマンドラインモードに戻ります．次のコマンドを実行して RasPi を再起動してください．

```
$ sudo reboot now
```

再起動後，次のコマンドを実行して，正しくインストールできているかどうかの確認を行います．なお，-- がたくさん並んだものが表示されない場合，「sudo i2cdetect -y 0」ではなく「sudo i2cdetect -y 1」を実行してください．

```
$ sudo i2cdetect -y 0
     0  1  2  3  4  5  6  7  8  9  a  b  c  d  e  f
00:          -- -- -- -- -- -- -- -- -- -- -- -- --
10: -- -- -- -- -- -- -- -- -- -- -- -- -- -- -- --
20: -- -- -- -- -- -- -- -- -- -- -- -- -- -- -- --
30: -- -- -- -- -- -- -- -- -- -- -- -- -- -- -- --
40: 40 -- -- -- -- -- -- -- -- -- -- -- -- -- -- --
50: -- -- -- -- -- -- -- -- -- -- -- -- -- -- -- --
60: -- -- -- -- -- -- -- -- -- -- -- -- -- -- -- --
70: 70 -- -- -- -- -- -- --
```

最後にサーボドライバを使う準備をします．次のコマンドを実行します．


```
$ sudo apt install git build-essential python-dev
$ cd ~
$ git clone https://github.com/adafruit/Adafruit_Python_PCA9685.git
$ cd Adafruit_Python_PCA9685
$ sudo python setup.py install
```

設定ができたら**図 A.5** に示す回路図のように RC サーボモータと RasPi をつなぎます．

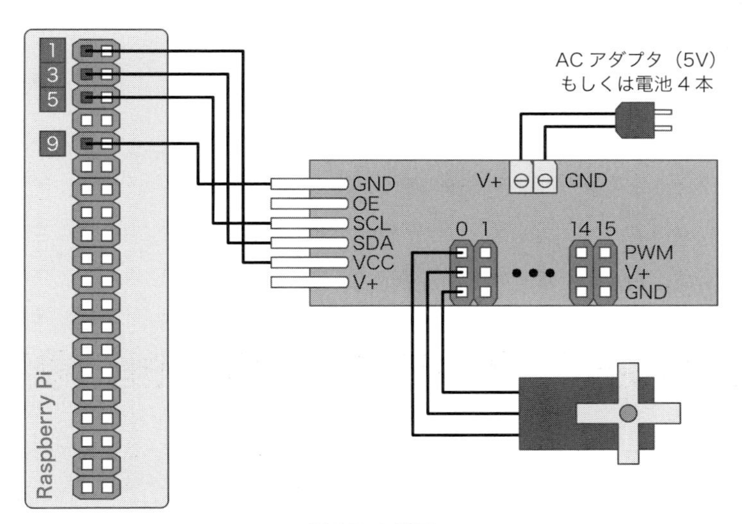

図 A.5　回路図

RC サーボモータのテストには**リスト A.1** に示すプログラムを用いて，次のコマンドで行います．200 から 600 までの数の入力を促され，数を入力すると RC サーボモータが回転します．

リスト A.1 サーボモータのテスト：servo_test.py

```
1 # -*- coding: utf-8 -*-
2 import Adafruit_PCA9685
3
4 pwm = Adafruit_PCA9685.PCA9685()
5 pwm.set_pwm_freq(60)
6 while True:
7     angle = input('[200-600]:')
8     pwm.set_pwm(0,0,int(angle))
```

```
$ python servo_test.py
[200-600]:300  ← 数を入力してEnter
```

リスト A.1 のプログラムでは，まず，サーボモータドライバ用のライブラリをインポートしています．そしてインスタンスを作成し，pwm.set_pwm_freq 関数で PWM 周期を Hz 単位で指定します．実際にサーボモータを動かすのは pwm.set_pwm 関数です．サーボモータドライバのポート番号（図 A.5 で RC サーボモータが 0 番ポートにつながっているから 0 を指定），I^2C の番号（sudo i2cdetect -y 0 としたときに正常な出力がなされたので 0 を指定），デューティ比を引数として実行します．

角度とデューティ比の関係は，いくつか数を入れながら実験的に探してみてください．

A.3　Arduinoのインストール

Arduinoのインストール，初期設定，サンプルプログラムの実行までを説明します．なお，Arduinoにはいろいろな種類がありますが，筆者が検証に使ったArduinoはArduino LeonardoとArduino Unoです．

まず，開発環境のインストールを行います．Arduinoの公式ホームページ（https://www.arduino.cc/）のトップページ上部にある「SOFTWARE」→「DOWNLOADS」をクリックするか，次のアドレスにアクセスします．

```
https://www.arduino.cc/en/Main/Software
```

各種OS向けのIDEが選べます．お使いのOSに合わせてダウンロードしてください．本書では「Windows ZIP file for non admin install」をダウンロードしたものとします．

ダウンロードするバージョンを選択すると，寄付するかどうかのページが開きます．寄付をしない場合は「JUST DOWNLOAD」をクリックしてダウンロードします．ダウンロードしたzipファイルを解凍するだけでインストールは終了です．

次に，ArduinoとPCをUSBケーブルでつなぎます．解凍したフォルダの中にある「arduino.exe」を実行すると，**図A.6**のように表示されます．

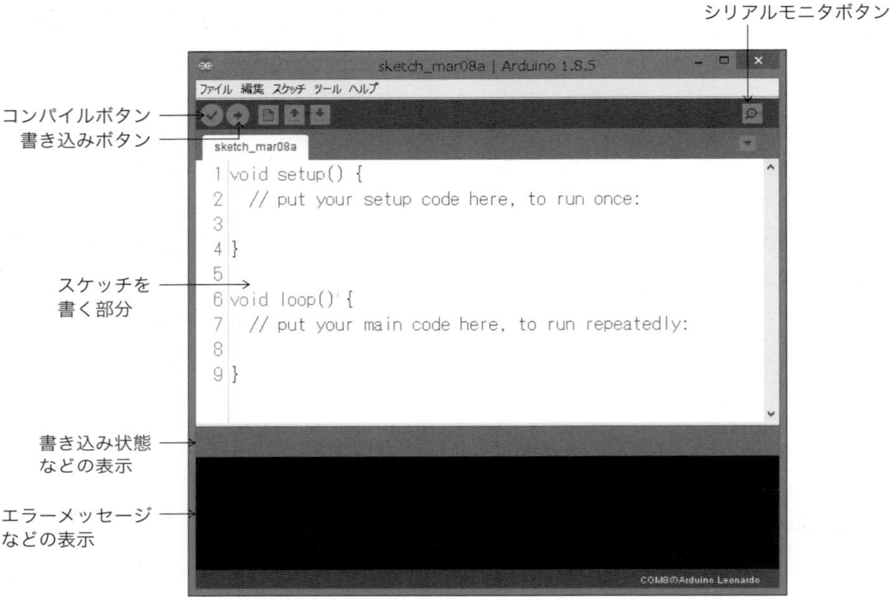

シリアルモニタボタン
コンパイルボタン
書き込みボタン
スケッチを書く部分
書き込み状態などの表示
エラーメッセージなどの表示

sketch_mar08a | Arduino 1.8.5

```
void setup() {
  // put your setup code here, to run once:

}

void loop() {
  // put your main code here, to run repeatedly:

}
```

COM8のArduino Leonardo

図 A.6 Arduino の開発環境の画面

ここでは設定が 2 点必要になります.

1 **ボードの設定**：
「ツール」→「ボード」をクリックし，お使いの Arduino の種類を選択します.

2 **ポートの設定**：
「ツール」→「ポート」をクリックし，Arduino がつながっているポートを選択します．たいていの場合，ポートの後ろに Arduino と書いてあります.

最後に Arduino に付いている LED を点滅させるサンプルスケッチ（プログラムのこと）を実行して，設定ができていることを確認します．「ファイル」→「スケッチの例」→「01.Basic」→「Blink」を選択してください.

サンプルスケッチが表示されたら，図 A.6 の左から 2 番目の矢印が書かれた書き込みボタンをクリックして Arduino に書き込みます．エラーメッセージなどの表示領域に「ボードへの書き込みが終了しました。」と表示されたら書き込み成功です．Arduino に付いている LED が 1 秒おきに点滅します.

A.4 Graphical Processing Unit (GPU) の利用

深層学習や深層強化学習では，PC の CPU だけを使っていると学習処理に時間がかかることが多々あります．しかし，NVIDIA 社製の GPU と同社が提供している CUDA ライブラリを用いることで，学習時間を大幅に短縮することができます．本書で用いている 2 つのライブラリ Chainer，ChainerRL も NVIDIA GPU を用いた学習に対応しています．

Chainer，ChainerRL では，CuPy という NumPy 互換のインタフェースを持った CUDA 実装の行列ライブラリを利用しています．これを用いることで，簡単に GPU を利用した深層学習を体験できます．なお，本書で提供しているプログラムは CPU のみを使って実行するようになっています．

A.4.1 CuPy のインストールまで

GPU を利用するには，プログラムの実行環境に CUDA をインストールする必要があります．CUDA は Windows，macOS，Linux のいずれの環境にも対応しています．CUDA の詳細なインストール方法は本書では紹介しませんが，インターネット上にたくさんの情報が公開されていますので簡単にインストールできると思います．

CUDA をインストールできたら，cuDNN ライブラリ（NVIDIA の深層学習ライブラリ）をインストールし，次に CuPy をインストールします．cuDNN のインストール方法は NVIDIA の公式ドキュメントを参考にしてください．

https://docs.nvidia.com/deeplearning/sdk/cudnn-install/index.html

CuPy は次のコマンドでインストールできます．

```
$ pip install cupy   (Python2系)
$ pip3 install cupy  (Python3系)
```

A.4.2 CuPyの使い方

2.5節のMNISTモデルの学習を例に，CuPyの使い方を説明します．MNIST_CNN.pyにおいて，

```
model = L.Classifier(MyChain(), lossfun=F.softmax_cross_entropy)
chainer.backends.cuda.get_device_from_id(0).use() # GPU利用を宣言．0番のGPUを利用
（1台の場合は0）
model.to_gpu()  # GPUメモリ上にモデルをコピー
```

としてGPUを使えるようにします．そしてupdaterの定義の部分で

```
updater = training.StandardUpdater(train_iter, optimizer, device=0)
```

のように0番のGPUを使うことを指定します．評価する際もGPUを使う必要があるので，

```
trainer.extend(extensions.Evaluator(test_iter, model, device=0))
```

とします．最後にGPUで学習したモデルを保存するために，

```
model.to_cpu() # モデルをCPU上のメモリに戻す
chainer.serializers.save_npz("result/CNN.model", model)
```

とし，モデルをCPU上のメモリに戻して保存します．

ChainerRLを用いた深層強化学習では，もっとシンプルになります．agentをインスタンス化するところで，例えばDQNを使う場合は，

```
agent = chainerrl.agents.DQN(
    q_func, optimizer, replay_buffer, gamma, explorer, gpu=0
    replay_start_size=500, update_interval=1, target_update_interval=100, phi=phi)
```

のようにgpu=...でGPUの番号を指定するだけでGPUが利用されるようになります．

A.5 Intel Math Kernel Library を用いた NumPy のインストール

macOS で Chainer を使う場合，標準の NumPy ライブラリ（pip でインストールしたもの）を使っていると警告が出ます．NumPy のバックエンドで動作している行列演算を行う BLAS ライブラリが“vecLib”の場合に，正確な演算が行われないおそれがあるという警告です．この警告が出るときは，別の行列演算ライブラリを使って NumPy をビルドする必要があります．

ここでは Intel Math Kernel Library（MKL）を利用する方法を説明します．これは Intel の CPU に最適化された数学ライブラリであり，行列演算を行う BLAS も含まれています．MKL でビルドされた NumPy を利用することで，深層学習のプログラムの実行速度が速くなります．ただし GPU を使っている場合には大きな改善はないかもしれません．

Windows（Anaconda）にインストールする場合は，次の URL から numpy-1.xx.x+mkl-cp37-cp37m-win_amd64.whl（Python3 用）をダウンロードしてください．xx の部分にはバージョンが入ります．最新バージョンで構いませんが，64 ビット版（amd64）を選択してください．

```
https://www.lfd.uci.edu/~gohlke/pythonlibs/#numpy
```

ダウンロードが終わったら，次のコマンドでインストールできます．

```
$ pip install numpy-1.xx.x+mkl-cp37-cp37m-win_amd64.whl
```

Linux や macOS では，MKL と NumPy のソースコードをダウンロードして各自でビルドします．基本的な手順は Intel の公式ページに記載されています．

```
https://software.intel.com/en-us/articles/numpyscipy-with-intel-mkl
```

Linux の場合は，次の URL のページで名前，メールアドレスなどを入力してレジストレーションを行います．

https://software.intel.com/en-us/articles/free_mkl

各種規約に同意するとダウンロードページに進みますので，Product で Linux を選び，Intel MKL を選択してダウンロードしてください．ダウンロードしたファイル（l_mkl_2018.x.xxx.tar.gz）を解凍し，次のコマンドを実行することで，/opt/intel/mkl/lib/intel64 にインストールされます．

```
$ tar zxvf l_mkl_2018.x.xxx.tar.gz
$ cd l_mkl_2018.x.xxx
$ sudo ./install.sh
```

NumPy のダウンロードは，まず，https://github.com/numpy/numpy/releases から numpy-1.xx.x.tar.gz をダウンロードして，次のコマンドを実行します．

```
$ tar zxvf numpy-1.xx.x.tar.gz
$ cd numpy-1.xx.x
$ cp site.cfg.example site.cfg
```

site.cfg をエディタで開き，

```
# [mkl]
# library_dirs = /opt/intel/compilers_and_libraries_2018/linux/mkl/lib/intel64
# include_dirs = /opt/intel/compilers_and_libraries_2018/linux/mkl/include
# mkl_libs = mkl_rt
# lapack_libs =
```

を次のように変更します（変更しなくてもよい場合もあります）．

```
[mkl]
library_dirs = /opt/intel/mkl/lib/intel64
include_dirs = /opt/intel/mkl/include
mkl_libs = mkl_rt
lapack_libs =
```

そして次のコマンドを実行します．

```
$ sudo python3 setup.py install
```

これで MKL を使った NumPy がインストールできます．すでに NumPy がインストールされているのであれば，アンインストールしておいてください．次のコマンドで MKL を使って NumPy がビルドされていることが確認できます．

```
$ python3 -c'import numpy; numpy.show_config()'
```

索引

●K

●L

●M

●N

●O

●P

●Q

●R

●S

●T

●U

●V

●あ行

● か行

● さ行

● た行

〈著者略歴〉

牧 野 浩 二（まきの　こうじ）

1975 年　神奈川県横浜市生まれ.
1994 年　神奈川県立横浜翠嵐高等学校 卒業
2001 年　東京工業大学 大学院理工学研究科 制御システム工学専攻 修了
2001 年　株式会社本田技術研究所 研究員
2008 年　東京工業大学 大学院理工学研究科 制御システム工学専攻 修了　博士（工学）
2008 年　財団法人高度情報科学技術研究機構 研究員
2009 年　東京工科大学 コンピュータサイエンス学部 助教
2013 年　山梨大学 大学院総合研究部 工学域 助教

これまでに地球シミュレータを使用してナノカーボンの研究を行い，Arduino を使ったロボコン型実験を担当した．マイコンからスーパーコンピュータまでさまざまなプログラミング経験を持つ．おもに，人間の暗黙知（分かっているけど言葉に表せないエキスパートが持つ知識）に取り組んでおり，計測機器開発からデータ解析まで一貫した研究を行っている．

【おもな著書】
・『たのしくできる Arduino 電子工作』東京電機大学出版局（2012）
・『たのしくできる Arduino 電子制御』東京電機大学出版局（2015）
・『たのしくできる Intel Edison 電子工作』東京電機大学出版局（2017）
・『算数&ラズパイから始めるディープ・ラーニング』CQ 出版社（2018），共著

西 崎 博 光（にしざき　ひろみつ）

1975 年　兵庫県佐用町生まれ.
1996 年　津山工業高等専門学校 情報工学科 卒業
2003 年　豊橋技術科学大学 大学院工学研究科 博士課程 電子・情報工学専攻 修了　博士（工学）
2003 年　山梨大学 大学院医学工学総合研究部 助手
2015 年　国立台湾大学 電機情報学院 客員研究員
2016 年　山梨大学 大学院総合研究部 工学域 准教授

おもに，音声情報処理の研究に取り組んでおり，特に音声認識や大規模音声データベースから該当する音声を見つけ出す音声ドキュメント検索の研究を行っている．最近では，音声認識や検索技術を活かしたノートテイキングや技術伝承支援の研究に従事している．

【おもな著書】
・『算数&ラズパイから始めるディープ・ラーニング』CQ 出版社（2018），共著

Pythonによる深層強化学習入門
—Chainer と OpenAI Gym ではじめる強化学習—

平成 30 年 8 月 10 日　　第1版第1刷発行

著　者　牧野浩二・西崎博光
発行者　村上和夫
発行所　株式会社オーム社
郵便番号　101-8460
東京都千代田区神田錦町 3-1
電話　03(3233)0641(代表)
URL　https://www.ohmsha.co.jp/

組版　トップスタジオ　　印刷・製本　三美印刷
ISBN978-4-274-22253-5　Printed in Japan